高等职业教育电气化铁道供电技术专业规划教材

电力内外线项目作业指导书

武文斌　主　编

张　煜　严兴喜　副主编

中国铁道出版社

2017年·北京

内 容 简 介

　　本书是电气化铁道技术专业岗位技能训练实训指导书系列之一,是高等职业教育电气化铁道供电技术专业规划教材。全书内容包括 10 kV 单杆台安装作业、10 kV 单杆台检修作业、10 kV 单杆台巡视作业、10 kV 分歧杆安装作业、10 kV 隔离开关安装作业、10 kV 隔离开关检修作业、10 kV 落地台安装作业、10 kV 耐张杆安装作业、10 kV 直线杆安装作业、10 kV 终端杆安装作业、10 kV 接近限界测量作业共十一个实训项目。

　　本书主要适合高等职业院校铁道供电技术专业师生实训教学使用,也可作为铁路成人职业教育培训实训教材和铁路供电相关岗位员工职业技能培训实训教材使用。

图书在版编目(CIP)数据

电力内外线项目作业指导书/武文斌主编 . —北京:
中国铁道出版社,2017.3
高等职业教育电气化铁道供电技术专业规划教材
ISBN 978-7-113-22740-1

Ⅰ.①电… Ⅱ.①武… Ⅲ.①输配电线路－电力工程
－高等职业教育－教材 Ⅳ.①TM75

中国版本图书馆 CIP 数据核字(2017)第 005314 号

书　　名:电力内外线项目作业指导书
作　　者:武文斌　主编

策　　划:阚济存
责任编辑:阚济存　　　　编辑部电话:010-51873133　　　　电子信箱:td51873133@163.com
编辑助理:赵　彤
封面设计:郑春鹏
责任校对:王　杰
责任印制:郭向伟

出版发行:中国铁道出版社(100054,北京市西城区右安门西街8号)
网　　址:http://www.tdpress.com
印　　刷:北京铭成印刷有限公司
版　　次:2017年3月第1版　2017年3月第1次印刷
开　　本:787 mm×1 092 mm　1/16　印张:6.5　字数:154 千
印　　数:1～3 000 册
书　　号:ISBN 978-7-113-22740-1
定　　价:22.00 元

前　言

本书是电气化铁道技术专业岗位技能训练实训指导书系列之一,是高等职业教育电气化铁道供电技术专业规划教材。

在本书的编写过程中,作者始终以来源于行业的典型岗位工作任务为载体,采用项目教学的方式组织内容,将电力内外线技术的知识与技能训练融为一体,强化对学生岗位技能的训练。本书全面介绍了铁道供电相关专业学生必须掌握的专业知识和基本技能。全书共分为 10 kV 单杆台安装作业、10 kV 单杆台检修作业、10 kV 单杆台巡视作业、10 kV 分歧杆安装作业、10 kV 隔离开关安装作业、10 kV 隔离开关检修作业、10 kV 落地台安装作业、10 kV 耐张杆安装作业、10 kV 直线杆安装作业、10 kV 终端杆安装作业、10 kV 接近限界测量作业十一个项目。编者都是具有多年现场工作经验的行业专家与专业教师,编者在深入调查、分析了学生毕业后面对岗位群所必需的基本知识和基本技能的基础上展开编写工作,在编写过程中本着深度适宜、适量够用的原则进行编写,重点介绍学生毕业后的相关岗位知识和技能。

本指导书由黑龙江交通职业技术学院电信工程系武文斌主编,张煜、严兴喜担任副主编,齐齐哈尔供电段董志强技术员参与编写。有关章节的编写分工为:武文斌负责编写项目 1~项目 5,张煜负责编写项目 6~项目 9,严兴喜负责编写项目 10 和项目 11。武文斌负责编写大纲,并负责全书的统稿、修改、定稿。严兴喜负责全书知识结构。董志强负责技能项目的设计及安装与作业规范审核。

本书在编写过程中得到了哈尔滨铁路局齐齐哈尔供电段教育科的大力支持,哈尔滨铁路局供电段刘凯段长提供了大量的技术资料及许多有帮助的意见和建议,哈尔滨铁路局齐齐哈尔供电段提供了调研场所。在此,向他们一并致谢!

由于编者学术水平有限,书中难免存在不妥之处,恳请读者批评指正,便于我们以后改正,来信请至 crystal-b4627@163.com。

编　者

2016 年 9 月

目　录

项目 1　10 kV 单杆台安装作业

工作任务书

小组编号：　　　　　　　　　　　　成员名单：

1.1　岗位工作过程描述与适用范围

工作任务：10 kV 单杆台安装作业。

工作对象：10 kV 单杆台及设备。

适用范围：本作业指导书适用于 10 kV 单杆台安装作业，规定了安装作业的程序、项目、内容及技术要求。

1.2　编写依据

本项目编写依据见表 1.1。

表 1.1　编写依据

序　号	引用资料名称	文　号
1	《铁路电力管理规则》	铁运〔1999〕103 号及铁总运〔2015〕51 号
2	《铁路电力安全工作规程》	铁运〔1999〕103 号及铁总运〔2015〕51 号
3	《铁路电力设备安装标准》	铁机字 1817 号

1.3　作业程序(流程图)

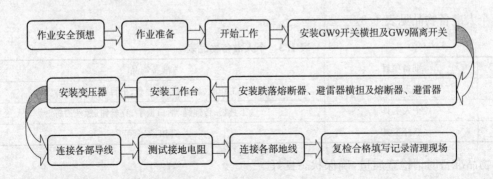

1.4　作业前安全预想及控制措施

作业前安全预想及控制措施见表 1.2。

表 1.2　安全预想及控制措施

序号	安全风险点	控制措施
1	组织预控	1. 应严格执行"保证安全工作的组织措施"和"保证安全的技术措施"; 2. 严格执行监护制度; 3. 参与作业人员应着装整齐,佩戴外观良好、报警音响试验合格的安全帽; 4. 施工工具在使用前应认真检查,确保工具状态良好,正确使用施工工具; 5. 施工现场配备数量合理的安全监控人员
2	误登杆塔	1. 按时参加施工准备会,掌握施工范围、干线名称、作业电杆杆号; 2. 施工现场确认作业范围、干线名称、电杆编号
3	高空坠落	1. 施工现场检查确认电杆埋深、电杆裂纹、作业现场是否存在危及人身安全的因素; 2. 登杆前对登杆工具外观进行检查,对脚扣、安全腰带进行踏力、拉力试验; 3. 执行登杆作业标准,杆上作业将安全腰带系在电杆或牢固的构架上; 4. 杆上所用的工具及材料装在工具袋内,使用传递绳上下传递,杆上作业时,工具材料应安全放置
4	作业行走及交通意外	1. 严禁走轨面、枕木头和线路中心,横越线路时必须严格执行"一站、二看、三通过"制度; 2. 临近铁道线路和站内作业时,密切监视过往车辆运行情况,不准钻越车辆和在停留车下坐卧休息; 3. 在路肩行走时,不准靠近路肩边缘,防止被线路标志绊倒摔伤; 4. 在山区作业时防止被树茬扎脚、绊倒; 5. 注意路面积雪积冰及建筑物房檐冰凌,防止滑倒、异物磕碰,不得走冻结不实的冰面
5	蜱虫伤害	1. 穿着紧口工作服,涂擦驱避剂; 2. 按照相关规定注射疫苗; 3. 及时检查身体和衣服上有无蜱虫
6	中暑、冻伤	1. 正确使用防暑及防寒用品; 2. 根据气温变化合理安排作业时间

1.5　作业准备

1.5.1　个人准备

个人准备物品见表 1.3。

表 1.3　个人准备物品表

序号	准备项目	准备物品
1	个人着装	工作服、绝缘鞋、线手套、护目镜、安全帽
2	个人工具	工具袋、传递绳、活口扳手、克丝钳、螺丝刀等
3	登杆工具	脚扣、安全带

物品准备时请检查质量,确保状态良好。

1.5.2　安全工具准备(需采取安全措施时)

安全工具准备见表 1.4。

表 1.4 安全工具

序号	名称	规格型号	单位	数量	备注
1	绝缘手套	10 kV	副	2	1. 准备与作业线路相同电压等级的绝缘手套； 2. 对绝缘手套外观进行检查并进行充气试验； 3. 试验良好的绝缘手套应妥善保管
2	绝缘鞋	10 kV	双	按作业人数	
3	绝缘靴	10 kV	双	2	1. 必须与施工作业线路电压等级相符； 2. 由工作执行人负责对绝缘靴外观进行检查并检查是否在校验日期内； 3. 确认良好的绝缘靴应妥善保管
4	验电笔	10 kV	只	2	1. 施工负责人指派专人准备的验电笔必须与施工作业线路电压等级相符； 2. 由工作执行人负责对验电笔外观进行检查，并在带电设备上试验； 3. 试验良好的验电笔应妥善保管
5	接地封线	10 kV	组	2	1. 施工负责人指派专人准备与施工作业线路电压等级相符的接地封线 2 组； 2. 由工作执行人负责对接地封线外观进行检查，对接地封线各部连接进行紧固； 3. 试验良好的接地封线应妥善保管

1.5.3 材料配备

按照表 1.5 进行材料配备。

表 1.5 材料配备表

序号	名 称	规格型号	单位	数量	备 注
1	跌落式熔断器	10 kV	只	3	
2	并沟线夹	JB 型	只	15	
3	抹布		块	2	
4	线鼻子	按材质、线径	只	4	
5	铜设备线夹	B 型	只	6	
6	铜铝设备线夹	B 型	只	3	
7	U 形抱箍	$R=100$(4 副) $R=120$(4 副)	副	8	

序号	名　　称	规格型号	单位	数量	备　　注
8	金具(高压横担)	L63×6×1 700	套	3	▭
9	熔断器支架	L50×5×1 000 对称加工		2	
10	熔断器支架支撑	L50×5×1 180	根	2	
11	铜铝过渡线夹	按导线截面选择	只	9	
12	高压引下线		M	24	
13	接地装置		处	1	
14	避雷器	FS,YWS	个	3	
15	避雷器固定支架		副	3	
16	GW9 开关	10 kV	组	3	
17	工作台		处	1	
18	拉板	200 mm		3	
19	变压器托架横担	L63×6×1 852	套	2	
20	变压器托架支撑	L50×5×1 954	根	2	
21	变压器固定横担	L50×5×700	套	1	
22	变压器腰箍	40×4×L50	副	1	
23	变压器		台	1	
24	引线管、防水帽		套	1	

1.5.4　注意事项

1. 施工人员不参加施工准备会,未按规定纳入工作票,不得参加作业。
2. 作业线路未按规定采取保证安全的技术措施,施工人员有权拒绝作业。

1.5.5　安装规定

1. GW9 开关、熔断器、避雷器横担、支架、工作台、配电箱要分清安装位置。
2. 连接线要用线夹连接,不可用其他材料代替。
3. 选用合格的材料设备,设备清单见材料配备表。
4. 严格按照图 1.1 进行安装。

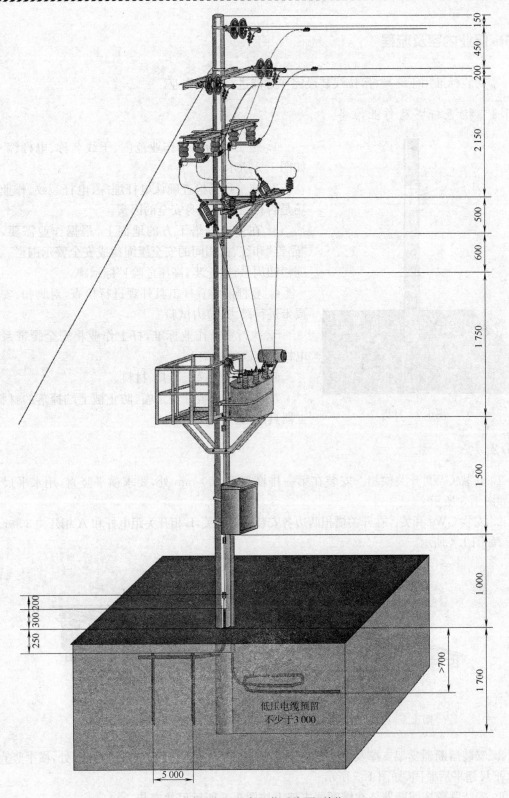

图 1.1　单杆变压器台组装示意图(单位:mm)

1.6　作业内容及流程

本安装标准用于终端杆,拉线装设完毕方能进行如下作业。

1.6.1　检查杆塔及作业准备

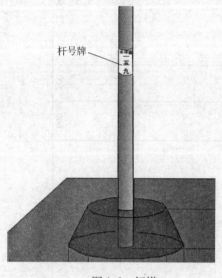

图1.2　杆塔

杆号牌

1. 施工现场确认作业范围、干线名称、电杆编号,如图1.2所示。

2. 施工现场检查确认电杆埋深、电杆裂纹、作业现场是否存在危及人身安全的因素。

3. 在作业杆塔下方的地面上,根据作业需要,以"路锥"和红、白相间的安全旗绳构成安全警示围栏。在围栏四周悬挂"止步,高压危险!"标示牌。

4. 登杆前对登杆工具外观进行检查,对脚扣、安全腰带进行踏力、拉力试验。

5. 执行登杆作业标准,杆上作业将安全腰带系在电杆或牢固的构架上。

6. 用绳索传递工器具、材料。

7. 作业人员戴好安全帽,防止被上端掉落的材料、工器具砸伤。

1.6.2　安　　装

1. 安装 GW9 开关横担。安装在第一排横担下 500 mm 处,要求横平竖直,用水平尺超平,如图1.3所示。

2. 安装 GW9 开关。在开关横担两边各安装一只开关,B 相开关距电杆和 A 相开关 300 mm 以上,如图1.4所示。

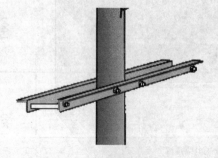

图1.3　GW9 开关横担

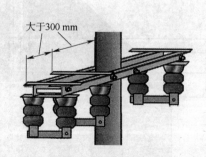

大于300 mm

图1.4　GW9 开关

3. 安装熔断器支架支撑及熔断器支架。安装在第一排横担下方 2 150 mm 处,横平竖直,用水平尺超平后紧固,如图1.5所示。

4. 安装跌落式熔断器。在熔断器支架上按图1.6所示尺寸安装。

5. 安装避雷器。组装避雷器、脱离器和底座,将底座安装在熔断器支架上,如图1.7所示。

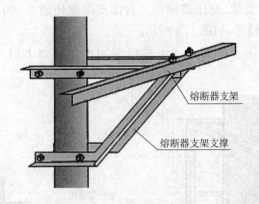

图 1.5　熔断器支架支撑及熔断器支架

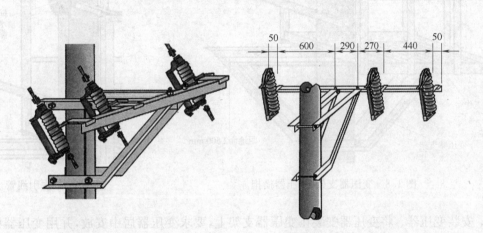

(a) 跌落式熔断器外形　　　　　　(b) 跌落式熔断器安装尺寸(单位：mm)

图 1.6　跌落式熔断器

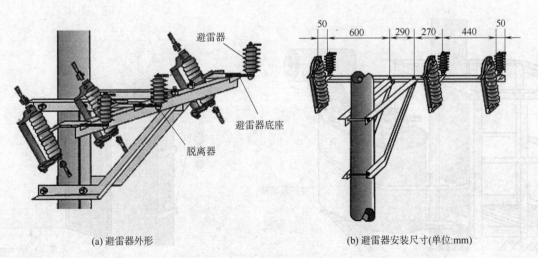

(a) 避雷器外形　　　　　　(b) 避雷器安装尺寸(单位:mm)

图 1.7　避雷器

6. 安装工作台及变压器支架、变压器横担。台面支架据地面 2 500 mm 处,要求横平竖直,杜绝扭曲歪斜,用水平尺超平,如图 1.8 所示。

7. 安装二次引线管,如图 1.9 所示。上管口应超出工作台上沿 100 mm。安装好防水帽。

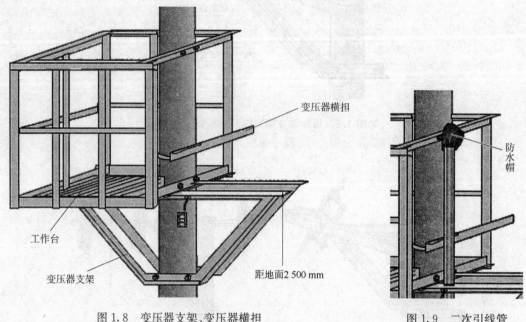

图 1.8　变压器支架、变压器横担　　　　　　图 1.9　二次引线管

8. 安装变压器。将变压器安装在变压器支架上,要求变压器居中安放,并用变压器横担和变压器腰箍固定,如图 1.10 所示。

9. 安装配电箱。配电箱下沿距地面 1 000 mm,要求横平竖直,用配电箱固定抱箍固定在电杆上,如图 1.11 所示。

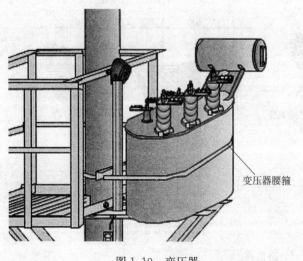

图 1.10　变压器

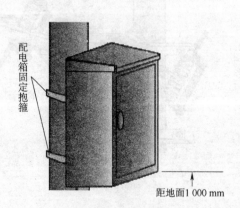

图 1.11　配电箱

1.7　接　地

1.7.1　接　地

1. 安装接地装置。接地极长度不小于 2 500 mm,埋深不小于 3 000 mm,数量不少于 2 根,间距 5 000 mm。接地体露出地面 300 mm,接地端子距接地体 200 mm,接地端子采用 25 mm² 钢筋接地体焊接。

2. 测试接地电阻,100 kV·A 以下变压器的接地电阻 10 Ω 为合格、100 kV·A 及以上变压器的接地电阻 4 Ω 为合格,不达到标准的要加设接地极或者在接地极处添加降阻剂。

3. 接地端子与各部地线连接采用并沟线夹。

4. 安装各部接地线,将 GW9 开关横担引出一根地线,3 支避雷器支座的接地线接续点采用线夹(线鼻子)连接合并引出一根地线,变压器外壳接地端子和零线端子相连接合并引出一根地线,将三根地线与接地总线采用并沟线夹相连接,配电箱接地端子引出一根地线也与接地总线用并沟线夹连接,最后接地总线与接地端子采用并沟线夹相连接。详见组装示意图 1.12。

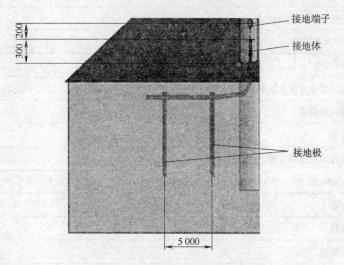

图 1.12　接地装置(单位:mm)

1.7.2　连接各部导线(安装工艺详见组装示意图)

1. 连接线路导线经过 GW9 开关连接到电源侧端子,线路采用并沟线夹,各开关端子用设备线夹连接。

2. 将 GW9 开关负荷侧段与跌落式熔断器电源端子相连接,开关负荷端子采用设备线夹、跌落式熔断器电源端子采用线鼻子进行连接,跌落式熔断器电源端子与避雷器电源端子连接,端子均采用线鼻子连接。

3. 跌落式熔断器负荷端子(采用线鼻子)与变压器一次端子(采用设备线夹)相连接。

4. 将二次引线穿入二次引线管,负荷侧连接到配电箱低压开关电源端子上,变压器二次端子与二次引线电源侧相接,容量小的变压器采用线鼻子连接,容量大的变压器采用设备线夹连接。

5.配电箱二次反出线一般采用铠装电缆,埋深 700 mm 以下,至少在地下盘圈预留
3 000 mm。

1.8　填写记录,清理现场,撤离作业区

1.9　作业项目清单

作业项目清单见表 1.6。

表 1.6　作业项目清单

作业项目:标准化安装作业			作业依据:停电作业工作票	
名称:10 kV 单杆台	杆型:单杆		电压等级:10 kV	作业人数:2 人
电杆:钢筋混凝土	导线:LGJ-70 mm²		绝缘子:PS-15	GW9 开关:10 kV
序号		作 业 项 目		
1	检查电杆状态,扶正倾斜电杆			
2	安装 GW9 开关横担			
3	安装 GW9 开关			
4	安装熔断器支架支撑及熔断器支架			
5	安装跌落式熔断器			
6	安装避雷器			
7	安装工作台及变压器支架、变压器横担			
8	安装二次引线管			
9	安装变压器			
10	安装配电箱			
11	安装接地装置			
12	测试接地电阻			
13	安装各部接地线			
14	连接各部导线			
15	检查安装质量			
16	清理工具、材料,汇报完工			

1.10　项目实施及评价

完成表 1.7 项目实施及评价。

表1.7　项目实施及评价

序号	实施项目	内　　容	评分	备注
1	安装程序和步骤			
2	人员分配			
3	工具、材料需求及准备			
4	安全注意事项			
5	备忘问题及解决措施			

号	称	容	内	

项目 2 10 kV 单杆台检修作业

工作任务书

小组编号：   成员名单：

2.1 岗位工作过程描述与适用范围

工作任务：10 kV 单杆台检修作业。

工作对象：10 kV 单杆台及设备。

适用范围：本作业指导书适用于 10 kV 单杆台检修作业，规定了检修作业的程序、项目、内容及技术要求。

2.2 编写依据

本项目编写依据见表 2.1。

表 2.1　编写依据

序　号	引用资料名称	文　号
1	《铁路电力管理规则》	铁运[1999]103 号及铁总运[2015]51 号
2	《铁路电力安全工作规程》	铁运[1999]103 号及铁总运[2015]51 号
3	《铁路电力设备安装标准》	铁机字 1817 号

2.3 作业程序(流程图)

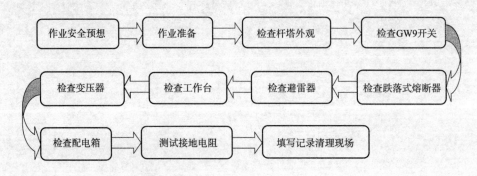

2.4 作业前安全预想及控制措施

作业前安全预想及控制措施见表 2.2。

表 2.2　安全预想及控制措施

序号	安全风险点	控制措施
1	组织预控	1. 应严格执行"保证安全工作的组织措施"和"保证安全的技术措施"; 2. 严格执行监护制度; 3. 参与作业人员应着装整齐,佩戴外观良好、报警音响试验合格的安全帽; 4. 施工工具在使用前应认真检查,确保工具状态良好,正确使用施工工具; 5. 施工现场配备数量合理的安全监控人员
2	误登杆塔	1. 按时参加施工准备会,掌握施工范围、干线名称、作业电杆杆号; 2. 施工现场确认作业范围、干线名称、电杆编号
3	高空坠落	1. 施工现场检查确认电杆埋深、电杆裂纹、作业现场是否存在危及人身安全的因素; 2. 登杆前对登杆工具外观进行检查,对脚扣、安全腰带进行踏力、拉力试验; 3. 执行登杆作业标准,杆上作业将安全腰带系在电杆或牢固的构架上; 4. 杆上所用的工具及材料装在工具袋内,使用传递绳上下传递,杆上作业时,工具材料应安全放置
4	作业行走及交通意外	1. 严禁走轨面、枕木头和线路中心,横越线路时必须严格执行"一站、二看、三通过"制度; 2. 临近铁道线路和站内作业时,密切监视过往车辆运行情况,不准钻越车辆和在停留车下坐卧休息; 3. 在路肩行走时,不准靠近路肩边缘,防止被线路标茬绊倒摔伤; 4. 在山区作业时防止被树茬扎脚、绊倒; 5. 注意路面积雪积冰及建筑物房檐冰凌,防止滑倒、异物磕碰,不得走冻结不实的冰面
5	蜱虫伤害	1. 穿着紧口工作服,涂擦驱避剂; 2. 按照相关规定注射疫苗; 3. 及时检查身体和衣服上有无蜱虫
6	中暑、冻伤	1. 正确使用防暑及防寒用品; 2. 根据气温变化合理安排作业时间

2.5　作业准备

2.5.1　个人准备

个人准物品备见表 2.3。

表 2.3　个人准备物品表

序号	准备项目	准备物品
1	个人着装	工作服、绝缘鞋、线手套、护目镜、安全帽
2	个人工具	工具袋、传递绳、活口扳手、克丝钳、螺丝刀等
3	登杆工具	脚扣、安全带

物品准备时请检查质量,确保状态良好。

2.5.2　安全工具准备(需采取安全措施时)

安全工具准备见表 2.4。

表 2.4　安全工具

序号	名称	规格型号	单位	数量	备　注
1	绝缘手套	10 kV	副	2	1. 准备与作业线路相同电压等级的绝缘手套； 2. 对绝缘手套外观进行检查并进行充气试验； 3. 试验良好的绝缘手套应妥善保管
2	绝缘鞋	10 kV	双	按作业人数	
3	绝缘靴	10 kV	双	2	1. 必须与施工作业线路电压等级相符； 2. 由工作执行人负责对绝缘靴外观进行检查并检查是否在校验日期内； 3. 确认良好的绝缘靴应妥善保管
4	验电笔	10 kV	只	2	1. 施工负责人指派专人准备的验电笔必须与施工作业线路电压等级相符； 2. 由工作执行人负责对验电笔外观进行检查，并在带电设备上试验； 3. 试验良好的验电笔应妥善保管
5	接地封线	10 kV	组	2	1. 施工负责人指派专人准备与施工作业线路电压等级相符的接地封线 2 组； 2. 由工作执行人负责对接地封线外观进行检查，对接地封线各部连接进行紧固； 3. 试验良好的接地封线应妥善保管

2.5.3　材料配备

按照表 2.5 进行材料配备。

表 2.5　材料配备表

序号	名　称	规格型号	单位	数量	备　注
1	低压开关	400 V	组	1	
2	并沟线夹	JB 型	只	3	
3	抹布		块	2	
4	线鼻子	按材质、线径	只	5	
5	跌落式熔断器	10 kV	只	3	

2.5.4　注意事项

1. 施工人员不参加施工准备会，未按规定纳入工作票，不得参加作业。
2. 作业线路未按规定采取保证安全的技术措施，施工人员有权拒绝作业。

2.6　作业内容

2.6.1　检查杆塔及作业准备

1. 施工现场确认作业范围、干线名称、电杆编号,如图 1.2 所示。

2. 施工现场检查确认电杆埋深、电杆裂纹、作业现场是否存在危及人身安全的因素。

3. 在作业杆塔下方的地面上,根据作业需要,以"路锥"和红、白相间的安全旗绳构成安全警示围栏。在围栏四周悬挂"止步,高压危险!"标示牌。

4. 登杆前对登杆工具外观进行检查,对脚扣、安全腰带进行踏力、拉力试验。

5. 杆上作业将安全腰带系在电杆或牢固的构架上。

6. 用绳索传递工器具、材料。

7. 作业人员戴好安全帽,防止被上端掉落的材料、工器具砸伤。

2.6.2　检查 GW9 开关

GW9 开关如图 2.1 所示。

1. 用水平尺检查开关横担是否平直。将水平尺放在横担上观察,开关托架不水平时,松开横担螺栓,用手锤敲击直至水平,然后将螺栓紧固。

2. 闸口松动时用克丝钳调整直至开合合适,转动部分卡滞时应涂润滑油。

3. 检查与导线连接的并沟线夹、端子处的设备线夹,松动则紧固,损坏则更换。

4. 检查开关绝缘子有无破损,损坏严重的需更换绝缘子。

5. 测试开关绝缘子,当其测量结果比上一次测量结果显著下降时,对该绝缘子进行更换。

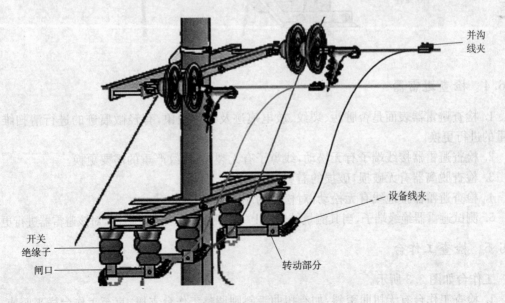

图 2.1　GW9 开关

2.6.3　检查跌落式熔断器

跌落式熔断器如图 2.2 所示。

1. 检查跌落式熔断器支架(支撑、横担、托架),要求横平竖直,无扭曲歪斜。
2. 检查跌落绝缘子表面是否脏污、有无裂纹。
3. 检查跌落绝缘子表面有无放电痕迹、有无绝缘老化现象。
4. 按照绝缘子检修工艺要求对跌落绝缘子进行检查,脏污时按要求进行清扫维护,损坏时,按要求进行更换。
5. 测试跌落绝缘子,当其测量结果比上一次测量结果显著下降时,对该绝缘子进行更换。
6. 检查跌落鸭嘴,松动或过紧需进行调整。
7. 检查接线端子有无松动,松动的紧固,线鼻子有裂纹的需进行更换。
8. 检查熔丝管有无破损、放电痕迹,有轻微痕迹的用砂纸打磨,严重的需更换熔丝管。按变压器容量更换熔丝。

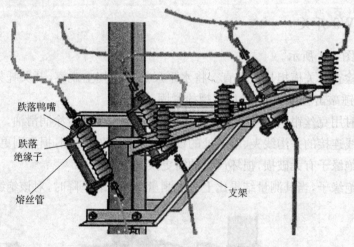

图 2.2　跌落式熔断器

2.6.4　检查避雷器

1. 检查避雷器表面是否脏污、裂纹、放电痕迹及老化现象,有轻微痕迹的进行清扫维护,严重的进行更换。
2. 检查避雷器接线端子有无松动,线鼻子有无裂纹,裂纹严重的需要更换。
3. 检查脱离器有无破损,破损的需更换。
4. 检查避雷器接地线有无松动,对松动的端子进行紧固。
5. 测试避雷器绝缘端子,当其测量结果比上一次测量结果显著下降时,对该避雷器进行更换。

2.6.5　检查工作台

工作台如图 2.3 所示。

1. 检查工作台有无扭曲歪斜,如有扭曲歪斜则调整工作台支撑,直至工作台横平竖直。
2. 检查各部螺栓,松动的进行紧固。
3. 丢失配件的需补齐。

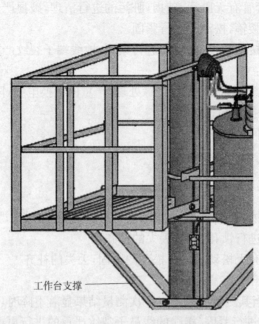

图2.3　工作台

2.6.6　检查变压器、二次反出线

变压器与二次反出线如图2.4所示。

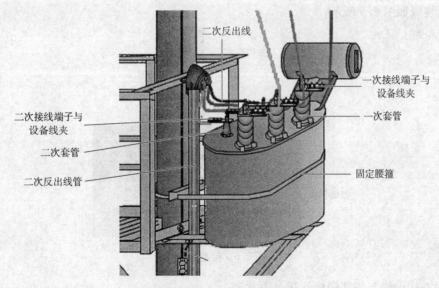

图2.4　变压器与二次反出线

1. 检查变压器外观有无渗油、脏污,若有脏污则进行清扫,渗油严重的上报检修工区。
2. 检查油标是否在正常值之内,缺油的进行补油,超过上限则通过放油阀放油。
3. 检查一次、二次接线端子有无松动,松动的进行紧固。检查设备线夹(线鼻子)有无裂纹,裂纹严重的需更换。

4. 检查一次、二次套管有无脏污、破损,脏污的进行清理,破损严重的进行更换。

5. 检查变压器固定腰箍,松动的进行紧固。

6. 检查变压器外壳接地端子,松动的进行紧固,地线端子裂纹严重的需更换。

7. 检查二次反出线:

(1)电缆有无老化现象,轻微的进行绝缘处理,严重的更换电缆,防水帽内的电缆弯曲处应重点检查,破损严重的更换电缆;

(2)反出线管松动、下沉的需调整紧固。

8. 防水帽、固定螺栓丢失的补齐。

2.6.7　检查配电箱

1. 检查外观有无锈蚀、破损,锈蚀严重的进行打磨并补漆,破损严重的进行更换。

2. 锁具开合卡滞的进行锁孔注油,丢失的补齐。

3. 配电箱固定抱箍有无松动、丢失,松动的紧固,丢失的补齐。

4. 检查配电箱内的开关:

(1)外壳有无破损,当其测量结果比上一次测量结果显著下降时,对该开关进行更换;

(2)接线端子松动的进行紧固,接线的线鼻子裂纹严重的进行更换;

(3)配线破损严重的需更换,检查压接点有无过热,过热处不准复压,只能更换该导线。

5. 检查零线端子排,端子松动的紧固。配电箱接地端子要与接地线可靠相连。

2.6.8　检查接地装置的状态

接地装置如图 2.5 所示。

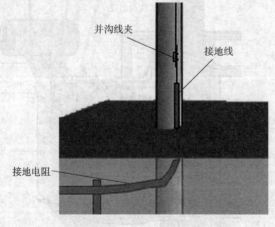

图 2.5　接地装置

1. 检查接地线与各部螺栓连接是否紧密。

2. 检查接地线是否锈蚀。

3. 检查地线并沟线夹是否有放电痕迹。

4. 接地线与螺栓连接处松动时,按标准紧固螺栓。

5. 接地线锈蚀时,用砂纸对其除锈,然后涂防锈漆。

6. 测试接地电阻,若测量接地电阻超标,则应对该处添加降阻剂或增加接地极。

2.7　填写记录,清理现场,撤离作业区

2.8　作业项目清单

作业项目清单见表 2.6。

表 2.6　作业项目清单

作业项目:标准化检修作业				作业依据:停电作业工作票	
名称:10 kV 单杆台		杆型:单杆	电压等级:10 kV		作业人数:2 人
电杆:钢筋混凝土		导线:LGJ-70 mm²	绝缘子:PS-15		GW9 开关:10 kV
序号		作业 项 目			
1		检查电杆状态,有无倾斜、杆根基础是否牢固			
2		检修 GW9 开关横担			
3		检修 GW9 开关			
4		检修熔断器支架支撑及熔断器支架			
5		检修跌落式熔断器			
6		检修避雷器			
7		检修工作台及变压器支架、变压器横担			
8		检修二次引线管			
9		检修变压器			
10		检修配电箱			
11		检修接地装置			
12		测试接地电阻			
13		检修各部接地线			
14		检修各部导线			
15		复检合格下杆			
16		清理工具、材料,汇报完工			

2.9　项目实施及评价

完成表 2.7 项目实施及评价。

表 2.7　项目实施及评价

序号	实施项目	内　　容	评分	备注
1	安装程序和步骤			
2	人员分配			
3	工具、材料需求及准备			
4	安全注意事项			
5	备忘问题及解决措施			

项目3 10 kV 单杆台巡视作业

工作任务书

小组编号：   成员名单：

3.1 岗位工作过程描述与适用范围

工作任务：10 kV 单杆台巡视作业。

工作对象：10 kV 单杆台及设备。

适用范围：本作业指导书适用于 10 kV 单杆台巡视作业，规定了巡视作业的程序、项目、内容及技术要求。

3.2 编写依据

本项目编写依据见表 3.1。

表 3.1 编写依据

序　号	引用资料名称	文　号
1	《铁路电力管理规则》	铁运〔1999〕103 号及铁总运〔2015〕51 号
2	《铁路电力安全工作规程》	铁运〔1999〕103 号及铁总运〔2015〕51 号
3	《铁路电力设备安装标准》	铁机字 1817 号

3.3 作业程序(流程图)

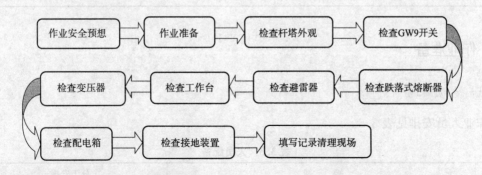

3.4 作业前安全预想及控制措施

作业前安全预想及控制措施见表 3.2。

表 3.2　安全预想及控制措施

序号	安全风险点	控制措施
1	人身触电	1. 注意与设备带电体保持足够的安全距离; 2. 夜间巡视严禁攀爬变压器台、灯塔、灯桥设备; 3. 雨天巡视注意选择线路,不得靠近避雷器和避雷针,不得在大树下避雨; 4. 故障后的巡视始终视线路为带电,在线路外侧行走,严禁盲目靠近杆塔设备; 5. 巡视人员发现导线断线,需远离断线地点 8 m 以外; 6. 作业组成员做好相互监控工作
2	作业行走及交通意外	1. 严禁走轨面、枕木头和线路中心,横越线路时必须严格执行"一站、二看、三通过"制度; 2. 临近铁道线路和站内作业时,密切监视过往车辆运行情况,不准钻越车辆和在停留车下坐卧休息; 3. 在路肩行走时,不准靠近路肩边缘,防止被线路标志绊倒摔伤; 4. 在山区作业时防止树茬扎脚、绊倒; 5. 注意路面积雪积冰及建筑物房檐冰凌,防止滑倒、异物磕碰,不得走冻结不实的冰面
3	蜱虫伤害	1. 穿着紧口工作服,涂擦驱避剂; 2. 按照相关规定注射疫苗; 3. 及时检查身体和衣服上有无蜱虫
4	中暑、冻伤	1. 夏修时节及时发放、领取防暑备品,室外作业时,高温天气严控作业时间; 2. 冬季及时发放、领取防寒用品,室外作业时,保证作业人员正确着装,控制好作业时间
5	巡视人员或所持工具与带电设备距离不足可能发生触电、放电、短路跳闸等事故	巡视人员与带电设备保持安全距离,严禁进入蹬杆范围
6	设备绝缘损坏、闪络放电、接地失效可能发生金属构件外壳带电,引发作业者触电	巡视人员正确使用安全绝缘护具(绝缘靴、鞋、手套、拉杆等),巡视过程禁止徒手接触可能带电的金属部件
7	巡视过程误操作设备引发停电事故	巡视人员严格遵守作业标准,未经允许不得攀登电杆
8	巡视人员相互监护	执行互控制度,夜间巡视监护者照明

3.5　作业准备

3.5.1　人员配备

作业人员安排见表 3.3。

表 3.3　人员配备

序号	要　　求	分工安排
1	巡视作业应两人进行,着装整齐,正确佩戴护品	一人操作,一人监护
2	电力线路工(值班),要求安全考试合格,掌握电力安全规程和管内运行方式,熟练掌握作业指导书	10 kV 单杆台巡视

序号	要　　　求	分工安排
3	电力线路工(值班),要求安全考试合格,掌握电力安全规程和管内运行方式,熟练掌握作业指导书	负责现场安全监护,辅助检查并做好记录

3.5.2　安全工具准备(需采取安全措施时)

安全工具准备见表 3.4。

表 3.4　安全工具

序号	名　　　称	规格型号	单位	数量	备　　　注
1	绝缘手套	10 kV	副	2	
2	绝缘鞋	10 kV	双	2	
3	绝缘靴	10 kV	双	2	雷雨天
4	手电筒		个	1	夜间
5	记录簿		册	1	

3.5.3　注意事项

1. 巡视作业执行工作票制度,巡视时按照安全工作命令记录簿中规定的时间、地点及人员安排进行,严禁超范围。
2. 巡视过程中携带手机并保持状态良好,以保证应急处置时联系畅通。

3.6　作业内容

3.6.1　检查杆塔

1. 检查杆塔有无倾斜超限及裂纹超限,脚踏板是否牢固,警告牌、杆号牌是否齐全,是否清晰并按指定位置悬挂,如图 1.2 所示。清除杆塔上挂有的弱电线路等非电力设施。
2. 检查确认电杆埋深、电杆裂纹是否超限,拉线松紧,配件是否丢失,丢失的补齐。

3.6.2　检查横担设备及 GW9 开关

横担设备及 GW9 开关如图 3.1 所示。
1. 检查横担有无锈蚀、倾斜、变形,距离是否符合要求,螺栓有无松动。
2. 检查横担、金具上有无鸟巢及抛挂物。
3. 检查绝缘子有无破损、脏污、放电痕迹。
4. 检查 GW9 开关刀闸有无松动、脱落。
5. 检查开关端子的设备线夹有无过热。
6. 检查与导线连接的并沟线夹、连接线有无散股、断股。

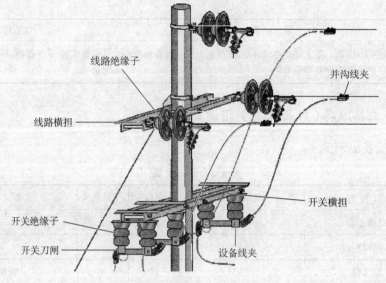

线路绝缘子
并沟线夹
线路横担
开关横担
开关绝缘子
开关刀闸
设备线夹

图 3.1　横担设备及 GW9 开关

3.6.3　检查跌落式熔断器

跌落式熔断器如图 2.2 所示。
1. 检查跌落式熔断器支撑、横担、托架,是否横平竖直,有无扭曲歪斜。
2. 检查跌落绝缘子表面是否脏污、有无裂纹。
3. 检查绝缘子表面有无放电痕迹、(硅胶绝缘子)有无绝缘老化现象。
4. 检查跌落鸭嘴有无松动。
5. 检查接线端子是否过热。
6. 检查熔丝管有无破损、放电痕迹。

3.6.4　检查避雷器

1. 检查避雷器表面有无脏污、裂纹、放电痕迹及老化现象。
2. 检查避雷器接线端子有无过热,线鼻子有无裂纹。
3. 检查脱离器有无破损、脱落。
4. 检查避雷器接地线有无松动。

3.6.5　检查工作台

工作台如图 2.3 所示。
1. 检查工作台有无扭曲歪斜。
2. 检查各部螺栓,松动的进行紧固。
3. 检查配件有无丢失,丢失的配件作好记录。

3.6.6　检查变压器一、二次接线

1. 检查变压器外观有无渗油、脏污,放油阀重点检查,记录后上报检修工区。
2. 检查油标是否在正常值之内。
3. 检查一次、二次接线端子有无松动、过热现象,设备线夹(线鼻子)有无裂纹。

4. 检查一次、二次套管有无脏污、破损。

5. 检查变压器固定腰箍有无松动。

6. 检查变压器外壳接地端子有无松动脱落,地线端子有无裂纹。

7. 检查二次反出线:

(1)电缆有无老化现象;

(2)反出线管有无松动、下沉。

8. 检查固定的螺栓有无松动、丢失,防水帽丢失的补齐。

3.6.7　检查配电箱

配电箱外观如图 3.2 所示。

1. 检查外观有无锈蚀、破损。

2. 锁具开合卡滞的进行锁孔注油,丢失的补齐。

3. 检查配电箱固定抱箍有无松动、丢失。

4. 检查配电箱内的开关:

(1)外壳有无破损、脏污;

(2)接线端子有无松动,接线的线鼻子有无裂纹;

(3)配线外观有无破损、老化,压接点有无过热。

5. 检查零线端子排,端子松动的紧固。配电箱接地端子与接地线要可靠相连。

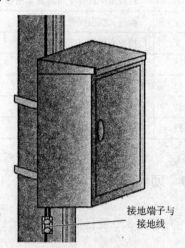

接地端子与接地线

图 3.2　配电箱

3.6.8　检查接地装置

接地装置如图 2.5 所示。

1. 检查接地线与各部螺栓连接是否紧密。

2. 检查接地线是否锈蚀。

3. 检查地线并沟线夹是否有放电痕迹。

4. 接地线与螺栓连接处松动时,按标准紧固螺栓。

3.7　填写记录,清理现场,撤离作业区

3.8　作业项目清单

作业项目清单见表 3.5。

表 3.5　作业项目清单

作业项目:标准化巡视作业		作业依据:安全工作命令簿	
名称:10 kV 单杆台	杆型:单杆	电压等级:10 kV	作业人数:2 人
电杆:钢筋混凝土	导线:LGJ-70 mm²	绝缘子:PS-15	GW9 开关:10 kV
序号	作业项目		
1	检查电杆状态,有无倾斜、杆根基础是否牢固		
2	检查 GW9 开关、终端杆绝缘子、横担		

序号	作 业 项 目
3	检查 GW9 开关
4	检查熔断器支架支撑及熔断器支架
5	检查跌落式熔断器
6	检查避雷器
7	检查工作台及变压器支架横担
8	检查二次引线管
9	检查变压器
10	检查配电箱
11	检查接地装置
12	填写记录
13	撤离现场

3.9　项目实施及评价

完成表 3.6 项目实施及评价。

表 3.6　项目实施及评价

序号	实施项目	内　　　容	评分	备注
1	安装程序和步骤			
2	人员分配			
3	工具、材料需求及准备			
4	安全注意事项			
5	备忘问题及解决措施			

项目 4 10 kV 分歧杆安装作业

工作任务书

小组编号：   成员名单：

4.1 岗位工作过程描述与适用范围

工作任务：10 kV 分歧杆安装作业。

工作对象：10 kV 分歧杆及设备。

适用范围：本作业指导书适用于 10 kV 分歧杆安装作业，规定了安装作业的程序、项目、内容及技术要求。

4.2 编写依据

本项目编写依据见表 4.1。

表 4.1 编写依据

序　号	引用资料名称	文　　号
1	《铁路电力管理规则》	铁运[1999]103 号及铁总运[2015]51 号
2	《铁路电力安全工作规程》	铁运[1999]103 号及铁总运[2015]51 号
3	《铁路电力设备安装标准》	铁机字 1817 号

4.3 作业程序（流程图）

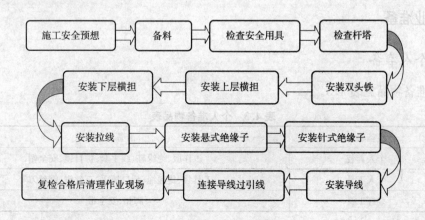

4.4　作业前安全预想及控制措施

作业前安全预想及控制措施见表4.2。

表 4.2　安全预想及控制措施

序号	安全风险点	控制措施
1	组织预控	1. 应严格执行"保证安全工作的组织措施"和"保证安全的技术措施"; 2. 严格执行监护制度; 3. 参与作业人员应着装整齐,佩戴外观良好、报警音响试验合格的安全帽; 4. 施工工具在使用前应认真检查,确保工具状态良好,正确使用施工工具; 5. 施工现场配备数量合理的安全监控人员
2	误登杆塔	1. 按时参加施工准备会,掌握施工范围、干线名称、作业电杆杆号; 2. 施工现场确认作业范围、干线名称、电杆编号
3	高空坠落	1. 施工现场检查确认电杆埋深、电杆裂纹、作业现场是否存在危及人身安全的因素; 2. 登杆前对登杆工具外观进行检查,对脚扣、安全腰带进行踏力、拉力试验; 3. 执行登杆作业标准,杆上作业将安全腰带系在电杆或牢固的构架上; 4. 杆上所用的工具及材料装在工具袋内,使用传递绳上下传递,杆上作业时,工具材料应安全放置
4	作业行走及交通意外	1. 严禁走轨面、枕木头和线路中心,横越线路时必须严格执行"一站、二看、三通过"制度; 2. 临近铁道线路和站内作业时,密切监视过往车辆运行情况,不准钻越车辆和在停留车下坐卧休息; 3. 在路肩行走时,不准靠近路肩边缘,防止被线路标志绊倒摔伤; 4. 在山区作业时防止被树茬扎脚、绊倒; 5. 注意路面积雪积冰及建筑物房檐冰凌,防止滑倒、异物磕碰,不得走冻结不实的冰面
5	蜱虫伤害	1. 穿着紧口工作服,涂擦驱避剂; 2. 按照相关规定注射疫苗; 3. 及时检查身体和衣服上有无蜱虫
6	中暑、冻伤	1. 正确使用防暑及防寒用品; 2. 根据气温变化合理安排作业时间

4.5　作业准备

4.5.1　个人准备

个人准备物品见表4.3。

表 4.3　个人准备物品表

序号	准备项目	准备物品
1	个人着装	工作服、绝缘鞋、线手套、护目镜、安全帽
2	个人工具	工具袋、传递绳、活口扳手、克丝钳、螺丝刀等
3	登杆工具	脚扣、安全带

物品准备时请检查质量,确保状态良好。

4.5.2 安全工具准备(需采取安全措施时)

安全工具准备见表4.4。

表4.4 安全工具

序号	名称	规格型号	单位	数量	备 注
1	绝缘手套	10 kV	副	2	1. 准备与作业线路相同电压等级的绝缘手套; 2. 对绝缘手套外观进行检查并进行充气试验; 3. 试验良好的绝缘手套应妥善保管
2	绝缘鞋	10 kV	双	按作业人数	
3	绝缘靴	10 kV	双	2	1. 必须与施工作业线路电压等级相符; 2. 由工作执行人负责对绝缘靴外观进行检查并检查是否在校验日期内; 3. 确认良好的绝缘靴应妥善保管
4	验电笔	10 kV	只	2	1. 施工负责人指派专人准备的验电笔必须与施工作业线路电压等级相符; 2. 由工作执行人负责对验电笔外观进行检查,并在带电设备上试验; 3. 试验良好的验电笔应妥善保管
5	接地封线	10 kV	组	2	1. 施工负责人指派专人准备与施工作业线路电压等级相符的接地封线2组; 2. 由工作执行人负责对接地封线外观进行检查,对接地封线各部连接进行紧固; 3. 试验良好的接地封线应妥善保管

4.5.3 材料配备

按照表4.5进行材料配备。

表4.5 材料配备表

序号	名 称	规格型号	单位	数量	备 注
1	金具(高压横担)	63×6×1 500	套	3	
2	并沟线夹	JB型	只	12	
3	抹布		块	2	

续上表

序号	名　称	规格型号	单位	数量	备　注
4	耐张线夹	75	只	9	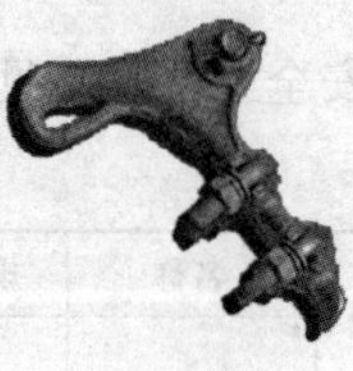
5	悬式绝缘子	10 kV	串	9	
6	支撑立瓶 （针式绝缘子）	10 kV	串	4	
7	双头铁			副	1	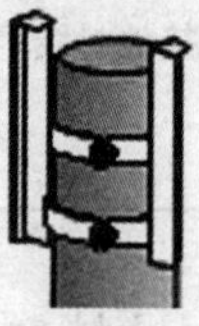
8	拉线、抱箍			副	2	

4.5.4　注意事项

1. 施工人员不参加施工准备会，未按规定纳入工作票，不得参加作业。
2. 作业线路未按规定采取保证安全的技术措施，施工人员有权拒绝作业。

4.6　作业内容及作业标准

4.6.1　登杆作业及准备工作

1. 施工现场确认作业范围、干线名称、电杆编号，如图1.2所示。

2. 施工现场检查确认电杆埋深、电杆裂纹、作业现场是否存在危及人身安全的因素。

3. 在作业杆塔下方的地面上,根据作业需要,以"路锥"和红、白相间的安全旗绳构成安全警示围栏。在围栏四周悬挂"止步,高压危险!"标示牌。

4. 登杆前对登杆工具外观进行检查,对脚扣、安全腰带进行踏力、拉力试验。

5. 执行登杆作业标准,杆上作业将安全腰带系在电杆或牢固的构架上。

6. 用绳索传递工器具、材料。

7. 作业人员戴好安全帽,防止被上端掉落的材料、工器具砸伤。

4.6.2　安装杆顶支座抱箍

转角分歧杆杆顶支座下抱箍中心安装在距杆顶 200 mm 处,如图 4.1 所示。穿钉由电源侧向负荷侧穿,调整后拧紧。

4.6.3　安装上层横担

转角分歧杆上层横担中心安装在距杆顶 800 mm 处,如图 4.2 所示。调整后对各部螺栓进行复紧。丝扣露出长度不少于 2 个螺距。

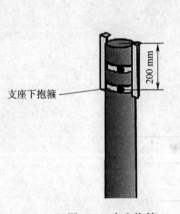

图 4.1　支座抱箍

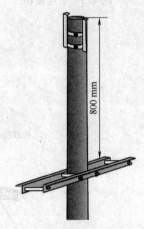

图 4.2　上层横担

4.6.4　安装下层横担

1. 安装下层横担,上下层横担中心距离为 450 mm,如图 4.3 所示。对各部螺栓进行复紧。丝扣露出长度不少于 2 个螺距。

2. 在杆顶支座和横担上安装五孔连板,为安装悬式绝缘子做准备,如图 4.4 所示。

4.6.5　安装拉线

1. 分歧杆应装设三条拉线,顺线路方向两条,分歧线路反方向一条。

2. 拉线抱箍安装在垂直拉线方向的横担上方 150～300 mm 处,如图 4.5 所示。

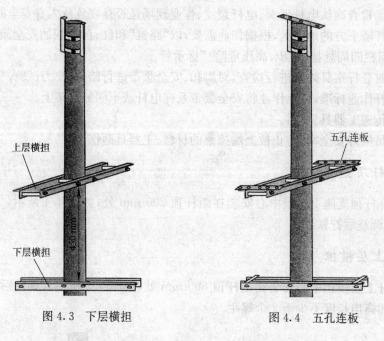

上层横担

下层横担

五孔连板

图 4.3　下层横担　　　　　　　图 4.4　五孔连板

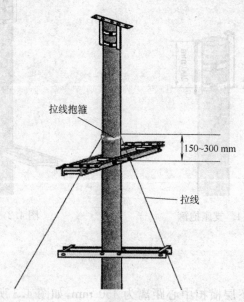

拉线抱箍

150~300 mm

拉线

图 4.5　拉线与拉线抱箍

4.6.6　安装拉线并调整紧固

拉线盘埋深要达到 1 200 mm,如图 4.6 所示,用 UT 线夹紧固拉线。

4.6.7　安装悬式绝缘子

1. 上层横担悬式绝缘子串 4 串,下层横担悬式绝缘子串 2 串,杆顶支座安装悬式绝缘子 3 串,如图 4.7 所示。

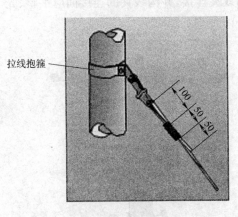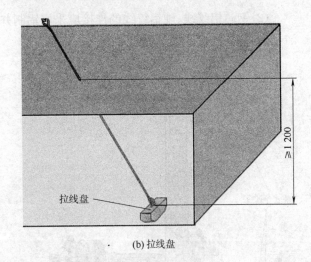

(a) 拉线地上部分　　　　　　　　　　　　　(b) 拉线盘

图 4.6　拉线(单位:mm)

2. 与电杆、导线金具连接处,不得出现卡压现象。

3. 耐张串上的弹簧销子、螺栓及穿钉应由上向下穿。

4. 悬垂串上的弹簧销子、螺栓及穿钉应向受电侧穿入,两边线应由内向外穿出,中线应由左向右穿入。

5. 闭口销和开口销的使用应满足安装规定。

6. 采用的闭口销或开口销不应有折断、裂纹等现象。当采用开口销时应对称开口,开口角度应为 30°~60°。

7. 严禁用线材或其他材料代替闭口销、开口销。

4.6.8　安装支撑立瓶

在上层横担上安装过引支撑立瓶 2 只,在下层横担上安装支撑立瓶 1 只,在杆顶支座抱箍安装立瓶 1 只,如图 4.8 所示。

4.6.9　安装导线

观察导线弧垂,导线弧垂的误差不应超过设计弧垂的±5%。调至合格后,使用耐张线夹固定,如图 4.9 所示。新组装电杆及旧有电杆宜根据实际情况分先后调紧。

4.6.10　连接导线过引线

1. 导线连接采用的并沟线夹不少于 2 个,连接表面应平整光滑。导线及线夹槽内应清除氧化膜、涂电力复合脂、绑扎过引支撑立瓶。除在端部绑扎外,还应在两线间绑扎 50 mm。相邻导线间距不小于 300 mm,如图 4.10 所示。

2. 过引线采用并沟线夹连接时,应符合下列要求:

(1)铜、铝导线的连接必须使用铜铝过渡线夹,线夹的连接面应平整、光洁,连接螺栓齐全并逐个均匀拧紧;

　　(2)钢芯铝绞线、硬铝绞线的连接应采用铝制并沟线夹连接,并沟线夹的连接面应平整、光洁,连接螺栓齐全并逐个均匀拧紧。

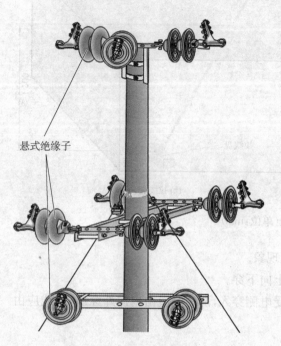

悬式绝缘子

图 4.7　悬式绝缘子

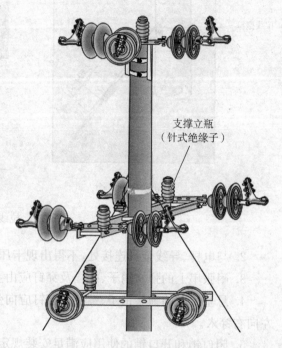

支撑立瓶
(针式绝缘子)

图 4.8　支撑立瓶

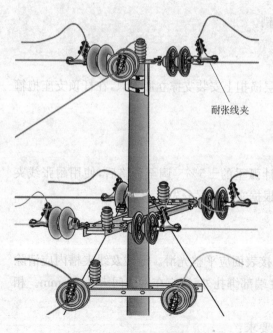

耐张线夹

图 4.9　导线与耐张线夹

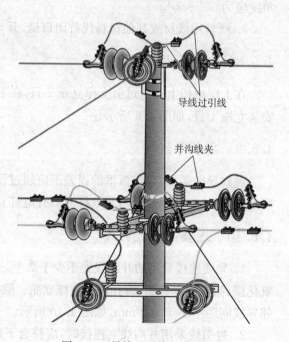

导线过引线

并沟线夹

图 4.10　导线过引线与并沟线夹

3. 过引线采用绑扎连接时,70 mm² 及以下硬铝绞线可搭接绑缠,绑扎长度如下:

(1)35 mm² 及以下,绑扎长度≥150 mm;

(2)50 mm²,绑扎长度≥200 mm;

(3)70 mm²,绑扎长度≥250 mm。

4. 绑扎连接时,应接触紧密、均匀、无硬弯,过引线呈均匀弧度。绑扎用的绑线,应选用与导线同金属的单股线,其直径不应小于 2.0 mm。

5. 过引线对相邻导线的距离:10 kV 不应小于 300 mm,0.38 kV 不应小于 150 mm。

4.7　填写记录,清理现场,撤离作业区

4.8　作业项目清单

作业项目清单见表 4.6。

表 4.6　作业项目清单

作业项目:标准化安装作业		作业依据:停电作业工作票	
名称:10 kV 转分歧杆	杆型:单杆	电压等级:10 kV	作业人数:2 人
电杆:钢筋混凝土	导线:LGJ-70 mm²	绝缘子:PS-15	排列方式:水平
序号	作业项目		
1	检查电杆状态,扶正倾斜电杆		
2	安装双头铁		
3	安装上层横担		
4	安装下层横担		
5	安装拉线		
6	安装悬式绝缘子		
7	安装针式绝缘子		
8	安装导线		
9	连接导线过引线		
10	复检		
11	清理现场		
12	填写记录		
13	人员撤离		

4.9　项目实施及评价

完成表 4.7 项目实施及评价。

表 4.7　项目实施及评价

序号	实施项目	内　　容	评分	备注
1	安装程序和步骤			
2	人员分配			
3	工具、材料需求及准备			
4	安全注意事项			
5	备忘问题及解决措施			

项目5　10 kV 隔离开关安装作业

工作任务书

小组编号：　　　　　　　　　　　　成员名单：

5.1　岗位工作过程描述与适用范围

工作任务：10 kV 隔离开关安装作业。

工作对象：10 kV 隔离开关及设备。

适用范围：本作业指导书适用于 10 kV 隔离开关安装作业，规定了安装作业的程序、项目、内容及技术要求。

5.2　编写依据

本项目编写依据见表 5.1。

表 5.1　编写依据

序　号	引用资料名称	文　号
1	《铁路电力管理规则》	铁运[1999]103 号及铁总运[2015]51 号
2	《铁路电力安全工作规程》	铁运[1999]103 号及铁总运[2015]51 号
3	《铁路电力设备安装标准》	铁机字 1817 号

5.3　作业程序（流程图）

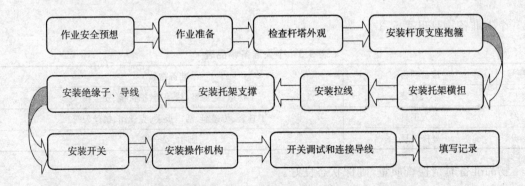

5.4　作业前安全预想及控制措施

作业前安全预想及控制措施见表 5.2。

表 5.2　安全预想及控制措施

序号	安全风险点	控制措施
1	组织预控	1. 应严格执行"保证安全工作的组织措施"和"保证安全的技术措施"; 2. 严格执行监护制度; 3. 参与作业人员应着装整齐,佩戴外观良好、报警音响试验合格的安全帽; 4. 施工工具在使用前应认真检查,确保工具状态良好,正确使用施工工具; 5. 施工现场配备数量合理的安全监控人员
2	误登杆塔	1. 按时参加施工准备会,掌握施工范围、干线名称、作业电杆杆号; 2. 施工现场确认作业范围、干线名称、电杆编号
3	高空坠落	1. 施工现场检查确认电杆埋深、电杆裂纹、作业现场是否存在危及人身安全的因素; 2. 登杆前对登杆工具外观进行检查,对脚扣、安全腰带进行踏力、拉力试验; 3. 执行登杆作业标准,杆上作业将安全腰带系在电杆或牢固的构架上; 4. 杆上所用的工具及材料装在工具袋内,使用传递绳上下传递,杆上作业时,工具材料应安全放置
4	作业行走及交通意外	1. 严禁走轨面、枕木头和线路中心,横越线路时必须严格执行"一站、二看、三通过"制度; 2. 临近铁道线路和站内作业时,密切监视过往车辆运行情况,不准钻越车辆和在停留车下坐卧休息; 3. 在路肩行走时,不准靠近路肩边缘,防止被线路标志绊倒摔伤; 4. 在山区作业时防止被树杈扎脚、绊倒; 5. 注意路面积雪积冰及建筑物房檐冰凌,防止滑倒、异物磕碰,不得走冻结不实的冰面
5	蜱虫伤害	1. 穿着紧口工作服,涂擦驱避剂; 2. 按照相关规定注射疫苗; 3. 及时检查身体和衣服上有无蜱虫
6	中暑、冻伤	1. 正确使用防暑及防寒用品; 2. 根据气温变化合理安排作业时间

5.5　作业准备

5.5.1　个人准备

个人准备物品见表 5.3。

表 5.3　个人准备物品表

序号	准备项目	准备物品
1	个人着装	工作服、绝缘鞋、线手套、护目镜、安全帽
2	个人工具	工具袋、传递绳、活口扳手、克丝钳、螺丝刀等
3	登杆工具	脚扣、安全带

物品准备时请检查质量,确保状态良好。

5.5.2　安全工具准备(需采取安全措施时)

安全工具准备见表 5.4。

表 5.4　安全工具

序号	名称	规格型号	单位	数量	备 注
1	绝缘手套	10 kV	副	1	1. 准备与施工作业线路相同电压等级的绝缘手套； 2. 对绝缘手套外观进行检查并进行充气试验； 3. 试验良好的绝缘手套应妥善保管
2	绝缘鞋	10 kV	双	按作业人数	
3	绝缘靴	10 kV	双	1	1. 必须与施工作业线路电压等级相符； 2. 由工作执行人负责对绝缘靴外观进行检查并检查是否在校验日期内； 3. 确认良好的绝缘靴应妥善保管
4	验电笔	10 kV	只	2	1. 施工负责人指派专人准备的验电笔必须与施工作业线路电压等级相符； 2. 由工作执行人负责对验电笔外观进行检查，并在带电设备上试验良好； 3. 试验良好的验电笔应妥善保管
5	接地封线	10 kV	组	2	1. 施工负责人指派专人准备与施工作业线路电压等级相符合的接地封线 2 组； 2. 由工作执行人负责对接地封线外观进行检查，对接地封线各部连接进行紧固； 3. 试验良好的接地封线应妥善保管

5.5.3　材料配备

按照表 5.5 进行材料配备。

表 5.5　材料配备表

序号	名　称	规格型号	单位	数量	备　注
1	户外隔离开关	10 kV	组	1	
2	隔离开关托架横担	L63×6×2 900	套	1	
3	杆顶支座抱箍		副	1	

序号	名　称	规格型号	单位	数量	备　注
4	螺栓抱箍		副	1	
5	托架支撑	L50×5×1 096	根	4	
6	操动机构	CS11	组	1	
7	操动机构托架		副	1	
8	传动杆	φ25　6.5-11.5(m)	根	1	
9	操动杆固定抱箍		副	1	
10	方头螺栓	M16×35	个	4	
11	方螺母	M16	个	4	
12	方垫圈	35×35×3			
13	设备线夹	B型	只	6	
14	抹布		块	2	
15	绝缘子串	10 kV	串	6	

5.5.4　注意事项

1. 施工人员不参加施工准备会,未按规定纳入工作票,不得参加作业。

2. 作业线路未按规定采取保证安全的技术措施,施工人员有权拒绝作业。

5.5.5　安装规定

1. 单极隔离开关在单杆上安装时,相间距离不应小于 600 mm。当架空电力线路为三角形排列时,隔离开关应安装在高压横担上。

2. 三级联动式隔离开关采用托架安装在杆上,操作杆应校直,用抱箍固定在同一垂直线上。隔离开关的三相隔离刀刃应分、合同期。水平安装的隔离刀刃,合闸时宜使静触头带电。合闸时静触头瓷瓶不能受到冲撞,转动灵活无卡阻,分闸后应有不小于 200 mm 的空气间隙。

3. 操作手柄下抱箍中心距地面高度不应低于 1.2 m,但亦不应高于 1.5 m。

4. 隔离开关操作机构应加锁,开关装置应可靠接地。

5. 瓷件良好,安装牢固,与引线的连接应紧密可靠。

5.6　作业内容

5.6.1　杆　　塔

1. 施工现场确认作业范围、干线名称、电杆编号,如图 1.2 所示。

2. 施工现场检查确认电杆埋深、电杆裂纹、作业现场是否存在危及人身安全的因素。

3. 在作业杆塔下方的地面上,根据作业需要,以"路锥"和红、白相间的安全旗绳构成安全警示围栏。在围栏四周悬挂"止步,高压危险!"标示牌。

4. 登杆前对登杆工具外观进行检查,对脚扣、安全腰带进行踏力、拉力试验。

5. 执行登杆作业标准,杆上作业将安全腰带系在电杆或牢固的构架上。

6. 用绳索传递工器具、材料。

7. 作业人员戴好安全帽,防止被上端掉落的材料、工器具砸伤。

5.6.2　安装杆顶支座抱箍

双立柱、横线路调整到横平竖直,注意螺栓穿入方向。双立柱与杆顶支座抱箍位置如图 5.1 所示。

5.6.3　安装托架横担

安装横担,用水平尺校正,测量宽度,并调整紧固,如图 5.2 所示。

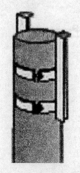

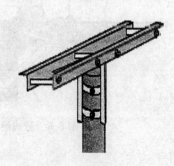

图 5.1　杆顶支座抱箍　　　　　　　　图 5.2　托架横担

5.6.4　安装拉线

拉线抱箍安装在托架横担下方 400 mm 处,如图 5.3 所示,安装好拉线并调紧。

5.6.5　安装托架支撑及侧抱箍

侧抱箍距横担 600 mm,注意调整支撑位置,如图 5.4 所示。用水平尺检查托架横纵是否平直,将水平尺放在托架上观察,开关托架不水平时,调整斜撑角钢连接处的位置,直至托架水平,然后将螺栓紧固。

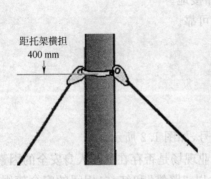
图 5.3　拉线及拉线抱箍

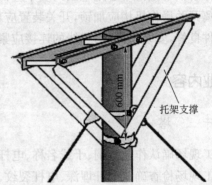
图 5.4　托架支撑及侧抱箍

5.6.6　安装绝缘子和导线

1. 在横担上安装悬式绝缘子串 6 串,如图 5.5 所示。

2. 与电杆、导线金具连接处,不得有卡压现象。

3. 耐张串上的弹簧销子、螺栓及穿钉应由上向下穿。

4. 悬垂串上的弹簧销子、螺栓及穿钉应由受电侧穿入;两边线应由内向外,中线应由左向右穿入。

5. 使用 2 支紧线器同时吊紧两端导线,观察导线弧垂,应在规定值的 −15% ~ +10% 范围内。调至合格后,使用耐张线夹固定。新组装及旧有电杆宜根据实际情况分先后调紧。

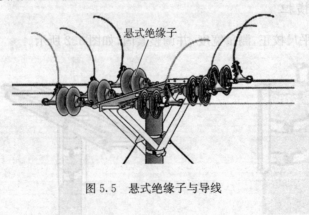
图 5.5　悬式绝缘子与导线

5.6.7 安装开关机构

1. 传动杆侧为负荷,紧 6 个 10×70(mm)螺栓,清扫,不装连杆。其倾斜度不超过 2°,超过时添加适量垫片使其垂直。

2. 安装好设备线夹,如图 5.6 所示。

图 5.6 设备线夹

5.6.8 安装传动机构

传动机构如图 5.7 所示。上管孔垂直于开关轴部上螺栓并紧固。

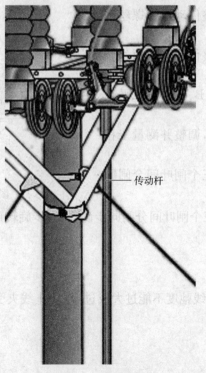

图 5.7 传动机构

5.6.9　安装操作机构及其托架和地线

1. 安装操作机构托架,下抱箍中心距地面高度不应低于 1.2 m,但亦不应高于 1.5 m,如图 5.8 所示。

2. 安装操作机构,用 4 个螺栓固定,如图 5.9 所示。传动杆安装不垂直时,调整操作机构安装位置使其垂直。操作机构转动有卡滞或冲击现象时,对转动部分注入润滑油。

3. 安装接地线,并将开关底座及操作手柄底座与接地线连接。

4. 安装传动杆固定抱箍,如图 5.10 所示。注意抱箍方向,调整校直。

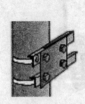　　　　

图 5.8　托架　　　　　　图 5.9　操作机构　　　　　图 5.10　固定抱箍

5.7　开关调试

5.7.1　开关调试作业程序

安装完毕的隔离开关如图 5.11 所示。

1. 逐个开关合严,用调整传动连杆螺丝调试合闸行程,检查塞进深度。

2. 逐个开关分闸,用调整传动连杆螺丝调试开关角度,测净距离。

3. 合闸状态下,连接 A、B、C 相间水平连杆,试验调整三相分、合同期。

4. 用操作机构慢合开关,调整并测量三相不同时接触误差。

5. 合闸后,调整并测量三个闸叶间合闸同步误差,调整同步。

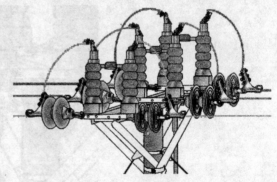

图 5.11　隔离开关

6. 分闸后,调整并测量三个闸叶间分闸同步误差,同步旋转误差,直到调整合格为止。拧紧连杆备帽。

5.7.2　连接导线

用设备线夹连接导线,引线弛度不能过大或过小,防止线夹受力,保证相间安全距离不小于 300 mm。

5.7.3　开关机构加锁

清扫、复紧各部螺栓,下杆,操作机构加锁。

5.8　填写记录,清理现场,撤离作业区

5.9　作业项目清单

作业项目清单见表 5.6。

表 5.6　作业项目清单

作业项目:标准化安装作业			作业依据:停电作业工作票	
名称:10 kV 隔离开关	杆型:单杆	电压等级:10 kV		作业人数:2 人
电杆:钢筋混凝土	导线:LGJ-70 mm²	绝缘子:PS-15		排列方式:水平
序号	作业项目			
1	检查电杆状态,扶正倾斜电杆			
2	安装杆顶支座抱箍			
3	安装托架横担			
4	安装拉线			
5	安装托架支撑及螺栓抱箍			
6	安装绝缘子和导线			
7	安装开关			
8	安装传动杆			
9	安装操作机构及其托架和地线			
10	开关调试作业程序			
11	连接导线			
12	复检			
13	清理现场			
14	填写记录			

5.10　项目实施及评价

完成表 5.7 项目实施及评价。

表 5.7　项目实施及评价

序号	实施项目	内　容	评分	备注
1	安装程序和步骤			

续上表

序号	实施项目	内　　容	评分	备注
2	人员分配			
3	工具、材料需求及准备			
4	安全注意事项			
5	备忘问题及解决措施			

项目 6 10 kV 隔离开关检修作业

工作任务书

小组编号：   成员名单：

6.1 岗位工作过程描述与适用范围

工作任务：10 kV 隔离开关检修作业。

工作对象：10 kV 隔离开关及设备。

适用范围：本作业指导书适用于 10 kV 隔离开关检修作业，规定了检修作业的程序、项目、内容及技术要求。

6.2 编写依据

本项目编写依据见表 6.1。

表 6.1 编写依据

序　号	引用资料名称	文　号
1	《铁路电力管理规则》	铁运〔1999〕103 号及铁总运〔2015〕51 号
2	《铁路电力安全工作规程》	铁运〔1999〕103 号及铁总运〔2015〕51 号
3	《铁路电力设备安装标准》	铁机字 1817 号

6.3 作业程序(流程图)

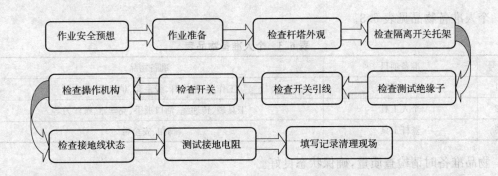

6.4 作业前安全预想及控制措施

作业前安全预想及控制措施见表 6.2。

表6.2　安全预想及控制措施

序号	安全风险点	控制措施
1	组织预控	1. 应严格执行"保证安全工作的组织措施"和"保证安全的技术措施"; 2. 严格执行监护制度; 3. 参与作业人员应着装整齐,佩戴外观良好、报警音响试验合格的安全帽; 4. 施工工具在使用前应认真检查,确保工具状态良好,正确使用施工工具; 5. 施工现场配备数量合理的安全监控人员
2	误登杆塔	1. 按时参加施工准备会,掌握施工范围、干线名称、作业电杆杆号; 2. 施工现场确认作业范围、干线名称、电杆编号
3	高空坠落	1. 施工现场检查确认电杆埋深、电杆裂纹、作业现场是否存在危及人身安全的因素; 2. 登杆前对登杆工具外观进行检查,对脚扣、安全腰带进行踏力、拉力试验; 3. 执行登杆作业标准,杆上作业将安全腰带系在电杆或牢固的构架上; 4. 杆上所用的工具及材料装在工具袋内,使用传递绳上下传递,杆上作业时,工具材料应安全放置
4	作业行走及交通意外	1. 严禁走轨面、枕木头和线路中心,横越线路时必须严格执行"一站、二看、三通过"制度; 2. 临近铁道线路和站内作业时,密切监视过往车辆运行情况,不准钻越车辆和在停留车下坐卧休息; 3. 在路肩行走时,不准靠近路肩边缘,防止被线路标志绊倒摔伤; 4. 在山区作业时防止被树茬扎脚、绊倒; 5. 注意路面积雪积冰及建筑物房檐冰凌,防止滑倒、异物磕碰,不得走冻结不实的冰面
5	蜱虫伤害	1. 穿着紧口工作服,涂擦驱避剂; 2. 按照相关规定注射疫苗; 3. 及时检查身体和衣服上有无蜱虫
6	中暑、冻伤	1. 正确使用防暑及防寒用品; 2. 根据气温变化合理安排作业时间

6.5　作业准备

6.5.1　个人准备

个人准备物品见表6.3。

表6.3　个人准备物品表

序号	准备项目	准备物品
1	个人着装	工作服、绝缘鞋、线手套、护目镜、安全帽
2	个人工具	工具袋、传递绳、活口扳手、克丝钳、螺丝刀等
3	登杆工具	脚扣、安全带

物品准备时请检查质量,确保状态良好。

6.5.2　安全工具准备(需采取安全措施时)

安全工具准备见表6.4。

表 6.4   安全工具

序号	名称	规格型号	单位	数量	备　　注
1	绝缘手套	10 kV	副	2	1. 准备与作业线路相同电压等级的绝缘手套； 2. 对绝缘手套外观进行检查并进行充气试验； 3. 试验良好的绝缘手套应妥善保管
2	绝缘鞋	10 kV	双	按作业人数	
3	绝缘靴	10 kV	双	2	1. 必须与施工作业线路电压等级相符； 2. 由工作执行人负责对绝缘靴外观进行检查并检查是否在校验日期内； 3. 确认良好的绝缘靴应妥善保管
4	验电笔	10 kV	只	2	1. 施工负责人指派专人准备的验电笔必须与施工作业线路电压等级相符； 2. 由工作执行人负责对验电笔外观进行检查，并在带电设备上试验； 3. 试验良好的验电笔应妥善保管
5	接地封线	10 kV	组	2	1. 施工负责人指派专人准备与施工作业线路电压等级相符的接地封线 2 组； 2. 由工作执行人负责对接地封线外观进行检查，对接地封线各部连接进行紧固； 3. 试验良好的接地封线应妥善保管

6.5.3   材料配备

按照表 6.5 进行材料配备。

表 6.5   材料配备表

序号	名　　称	规格型号	单位	数量	备　　注
1	隔离开关	10 kV	组	1	
2	并沟线夹	JB 型	只	3	
3	抹布		块	2	

序号	名　　称	规格型号	单位	数量	备　　注
4	线鼻子	按材质、线径	只	5	
5	绝缘子串	10 kV	串	3	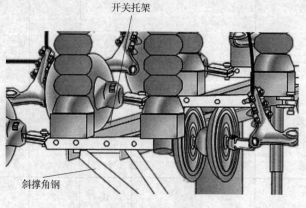

6.5.4　注意事项

1. 施工人员不参加施工准备会，未按规定纳入工作票，不得参加作业。
2. 作业线路未按规定采取保证安全的技术措施，施工人员有权拒绝作业。

6.6　作业内容

6.6.1　检查杆塔及作业准备

1. 施工现场确认作业范围、干线名称、电杆编号，如图 1.2 所示。
2. 施工现场检查确认电杆埋深、电杆裂纹，作业现场是否存在危及人身安全的因素。
3. 在作业杆塔下方的地面上，根据作业需要，以"路锥"和红、白相间的安全旗绳构成安全警示围栏。在围栏四周悬挂"止步，高压危险！"标示牌。
4. 登杆前对登杆工具外观进行检查，对脚扣、安全腰带进行踏力、拉力试验。
5. 杆上作业将安全腰带系在电杆或牢固的构架上。
6. 用绳索传递工器具、材料。
7. 作业人员戴好安全帽，防止被上端掉落的材料、工器具砸伤。

6.6.2　检查开关托架状态

开关托架如图 6.1 所示。用水平尺检查托架横纵是否平直。将水平尺放在托架上观察，开关托架不水平时，调整斜撑角钢连接处的位置，直至托架水平，然后将螺栓紧固。

开关托架

斜撑角钢

图 6.1　开关托架

6.6.3　检查测试绝缘子

绝缘子如图 6.2 所示。

1. 检查绝缘子表面是否脏污、有无裂纹。

2. 检查绝缘子表面有无放电痕迹、有无绝缘老化现象。

3. 检查绝缘子,存在不良现象的处理方式如下:

(1)按照绝缘子检修工艺要求对开关绝缘子进行检查,脏污时按要求进行清扫维护,损坏时按要求进行更换;

(2)绝缘子要求直立安装,其倾斜度不超过 2°,超过时添加适量垫片使其垂直;

(3)当测试开关绝缘子的测量结果比上一次测量结果显著下降时,对该绝缘子进行更换,如图 6.2 所示。

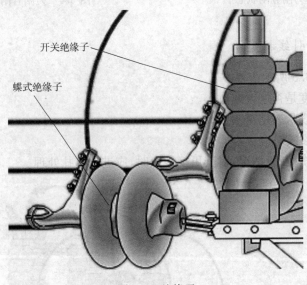

开关绝缘子

蝶式绝缘子

图 6.2　绝缘子

6.6.4　检查开关分合闸状态

刀闸分闸状态如图 6.3 所示,合闸状态如图 6.4 所示。

1. 检查开关打开分闸时刀闸的角度、止钉间隙。

2. 检查开关合闸时,刀闸是否呈水平状态,两刀闸中心线是否吻合。

3. 分闸角度不合适时,将开关倒至分闸位置后,先调整交叉连杆的长度,直至分闸角度符合要求,最后调整分闸止钉的间隙至 1~2 mm。

4. 合闸不呈直线时,先将开关倒至合闸位置,调整交叉连杆,使刀片呈直线,然后调合闸止钉间隙至 1~2 mm。

5. 检查刀闸触头表面有无锈蚀。

6. 检查弹簧片压力。

7. 调整刀闸的顶紧螺栓,增加弹簧片的接触压力,使两者密贴,但应保证其开合灵活。

8. 接触头表面有锈蚀、烧损痕迹时,对其进行打磨,涂电力复合脂,出现烧损时进行更换。

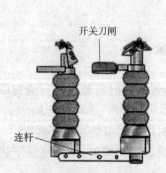

图 6.3　刀闸分闸状态

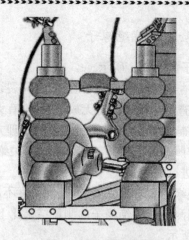

图 6.4　刀闸合闸状态

6.6.5　检查开关引线状态

开关引线如图 6.5 所示。

1. 检查引线弛度是否过大或过小。
2. 检查开关引线状态是否不良。
3. 设备线夹有裂纹时应更换。
4. 若引线有烧伤、断股情况，对其更换散股时，应进行绑扎处理。

图 6.5　开关引线

6.6.6　检查操作机构

操作机构如图 6.6 所示。

1. 检查操作机构是否转动灵活。
2. 检查传动杆连接是否牢固。
3. 操作机构状态不良，转动时有卡滞或冲击现象时，应对转动部分注入润滑油。
4. 传动杆与转动部分连接松动时，应按照标准紧固法兰盘连接螺栓。
5. 传动杆安装不垂直时，应调整操作机构安装位置，使其垂直。

6. 检查锁具,如锈蚀,需加润滑油。

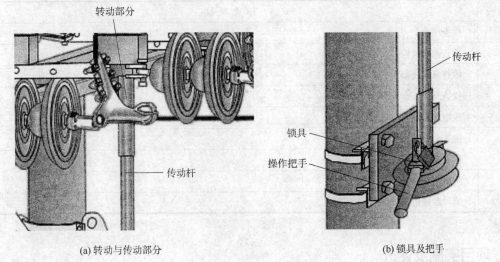

(a) 转动与传动部分　　　　　　　(b) 锁具及把手

图 6.6　操作机构

6.6.7　检查接地装置的状态

接地装置如图 2.5 所示。

1. 检查接地线与各部螺栓连接是否紧密。
2. 检查接地线是否锈蚀。
3. 检查地线并沟线夹是否有放电痕迹。
4. 接地线与螺栓连接处松动时,按标准紧固螺栓。
5. 接地线锈蚀时,用砂纸对其除锈,然后涂防锈漆。
6. 测量接地电阻超标时,则应对该处添加降阻剂或增加接地极。

6.7　填写记录,清理现场,撤离作业区

6.8　作业项目清单

作业项目清单见表 6.6。

表 6.6　作业项目清单

作业项目:标准化检修作业		作业依据:停电作业工作票	
名称:隔离开关	杆型:双杆架空台	电压等级:10 kV	作业人数:2 人
电杆:钢筋混凝土	导线:LGJ-70 mm²	绝缘子:PS-15	排列方式:水平
序号	作 业 项 目		
1	检查电杆状态,扶正倾斜电杆		
2	检查开关引线		

序号	作 业 项 目
3	检查绝缘
4	检查操作机构
5	检查开关托架
6	检查开关开合
7	检查开关触头
8	检查开关引线
9	检查接地装置
10	测试接地电阻
11	填写维修记录

6.9　项目实施及评价

完成表 6.7 项目实施及评价。

表 6.7　项目实施及评价

序号	实施项目	内　　容	评分	备注
1	安装程序和步骤			
2	人员分配			
3	工具、材料需求及准备			
4	安全注意事项			
5	备忘问题及解决措施			

项目7 10 kV 落地台安装作业

工作任务书

小组编号: **成员名单:**

7.1 岗位工作过程描述与适用范围

工作任务:10 kV 落地台安装作业。

工作对象:10 kV 落地台及设备。

适用范围:本作业指导书适用于 10 kV 落地台安装作业,规定了安装作业的程序、项目、内容及技术要求。

7.2 编写依据

本项目编写依据见表 7.1。

表 7.1 编写依据

序　号	引用资料名称	文　号
1	《铁路电力管理规则》	铁运[1999]103 号及铁总运[2015]51 号
2	《铁路电力安全工作规程》	铁运[1999]103 号及铁总运[2015]51 号
3	《铁路电力设备安装标准》	铁机字 1817 号

7.3 作业程序(流程图)

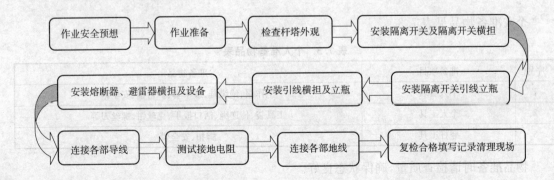

7.4 作业前安全预想及控制措施

作业前安全预想及控制措施见表 7.2。

表 7.2　安全预想及控制措施

序号	安全风险点	控制措施
1	组织预控	1. 应严格执行"保证安全工作的组织措施"和"保证安全的技术措施"; 2. 严格执行监护制度; 3. 参与作业人员应着装整齐,佩戴外观良好、报警音响试验合格的安全帽; 4. 施工工具在使用前应认真检查,确保工具状态良好,正确使用施工工具; 5. 施工现场配备数量合理的安全监控人员
2	误登杆塔	1. 按时参加施工准备会,掌握施工范围、干线名称、作业电杆杆号; 2. 施工现场确认作业范围、干线名称、电杆编号
3	高空坠落	1. 施工现场检查确认电杆埋深、电杆裂纹、作业现场是否存在危及人身安全的因素; 2. 登杆前对登杆工具外观进行检查,对脚扣、安全腰带进行踏力、拉力试验; 3. 执行登杆作业标准,杆上作业将安全腰带系在电杆或牢固的构架上; 4. 杆上所用的工具及材料装在工具袋内,使用传递绳上下传递,杆上作业时,工具材料应安全放置
4	作业行走及交通意外	1. 严禁走轨面、枕木头和线路中心,横越线路时必须严格执行"一站、二看、三通过"制度; 2. 临近铁道线路和站内作业时,密切监视过往车辆运行情况,不准钻越车辆和在停留车下坐卧休息; 3. 在路肩行走时,不准靠近路肩边缘,防止被线路标志绊倒摔伤; 4. 在山区作业时防止被树茬扎脚、绊倒; 5. 注意路面积雪积冰及建筑物房檐冰凌,防止滑倒、异物磕碰,不得走冻结不实的冰面
5	蜱虫伤害	1. 穿着紧口工作服,涂擦驱避剂; 2. 按照相关规定注射疫苗; 3. 及时检查身体和衣服上有无蜱虫
6	中暑、冻伤	1. 正确使用防暑及防寒用品; 2. 根据气温变化合理安排作业时间

7.5　作业准备

7.5.1　个人准备

个人准备物品见表 7.3。

表 7.3　个人准备物品表

序号	准备项目	准备物品
1	个人着装	工作服、绝缘鞋、线手套、护目镜、安全帽
2	个人工具	工具袋、传递绳、活口扳手、克丝钳、螺丝刀等
3	登杆工具	脚扣、安全带

物品准备时请检查质量,确保状态良好。

7.5.2　安全工具准备(需采取安全措施时)

安全工具准备见表 7.4。

表 7.4　安全工具

序号	名称	规格型号	单位	数量	备　注
1	绝缘手套	10 kV	副	2	1. 准备与作业线路相同电压等级的绝缘手套； 2. 对绝缘手套外观进行检查并进行充气试验； 3. 试验良好的绝缘手套应妥善保管
2	绝缘鞋	10 kV	双	按作业人数	
3	绝缘靴	10 kV	双	2	1. 必须与施工作业线路电压等级相符； 2. 由工作执行人负责对绝缘靴外观进行检查并检查是否在校验日期内； 3. 确认良好的绝缘靴应妥善保管
4	验电笔	10 kV	只	2	1. 施工负责人指派专人准备的验电笔必须与施工作业线路电压等级相符； 2. 由工作执行人负责对验电笔外观进行检查，并在带电设备上试验； 3. 试验良好的验电笔应妥善保管
5	接地封线	10 kV	组	2	1. 施工负责人指派专人准备与施工作业线路电压等级相符的接地封线 2 组； 2. 由工作执行人负责对接地封线外观进行检查，对接地封线各部连接进行紧固； 3. 试验良好的接地封线应妥善保管

7.5.3　主要材料配备

按照表 7.5 进行材料配备。

表 7.5　材料配备表

序号	名　称	规格型号	单位	数量	备　注
1	跌落式熔断器	10 kV	只	3	
2	并沟线夹	JB 型	只	15	
3	抹布		块	2	
4	线鼻子	按材质、线径	只	5	
5	针式绝缘子	10 kV	串	6	

序号	名 称	规格型号	单位	数量	备 注
6	U形抱箍	$R=100$（4 副） $R=120$（4 副）	副	8	
7	金具（高压横担）	L63×6×2 900	套	5	
8	铜铝过渡线夹	按导线截面选择	只	9	
9	高压引下线		M	24	
10	接地装置		处	1	
11	避雷器	FS、YWS	个	3	
12	避雷器固定支架		副	3	
13	隔离开关	10 kV	组	1	
14	M形抱铁		个	2	

7.5.4 注意事项

1. 施工人员不参加施工准备会，未按规定纳入工作票，不得参加作业。
2. 作业线路未按规定采取保证安全的技术措施，施工人员有权拒绝作业。

7.5.5 安装规定

1. 引线、隔离开关、熔断器、避雷器横担要分清安装位置。
2. 连接线要用线夹连接，不可用其他材料代替。
3. 选用合格的材料设备，设备清单见材料配备表。
4. 严格按下列照标准进行安装。

7.5.6 基础建设

基础建设平面及俯视图如图 7.1 所示。

1. 双杆间距 2 500 mm。
2. 接地极 2 500 mm，两根以上用扁铁焊接并整个垂直埋于地下，不允许裸露地表。
3. 变压器底座厚度 300～500 mm，宽度 2 200 mm，长度 2 300 mm。
4. 栅栏高≥1 700 mm，宽≥4 000 mm，长≥3 500 mm；栅栏门 1 200 mm 两扇。
5. 低压配电箱中心距单杆 1 400 mm，距邻近栅栏 700 mm。

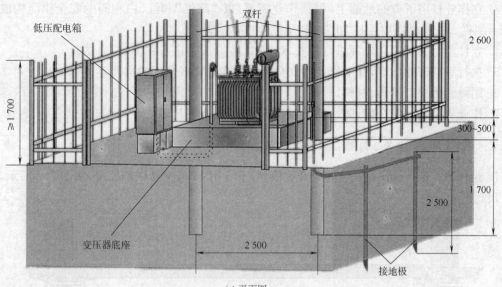

(a) 平面图

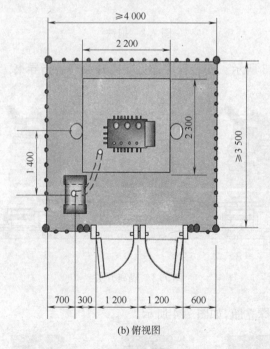

(b) 俯视图

图 7.1　基础建设(单位:mm)

7.6　作业内容

7.6.1　检查杆塔

1. 施工现场确认作业范围、干线名称、电杆编号,如图 1.2 所示。
2. 施工现场检查确认电杆埋深、电杆裂纹、作业现场是否存在危险人身安全的因素。

3. 在作业杆塔下方的地面上,根据作业需要,以"路锥"和红、白相间的安全旗绳构成安全警示围栏。在围栏四周悬挂"止步,高压危险!"标示牌。

4. 登杆前对登杆工具外观进行检查,对脚扣、安全腰带进行踏力、拉力试验。

5. 执行登杆作业标准,杆上作业将安全腰带系在电杆或牢固的构架上。

6. 用绳索传递工器具、材料。

7. 作业人员戴好安全帽,防止被上端掉落的材料、工器具砸伤。

7.6.2　安装隔离开关、引线、熔断器、避雷器横担

1. 距杆顶 1 600 mm 处安装隔离开关横担,下方用 M 形抱铁横担固定,如图 7.2 所示,用水平尺超平。

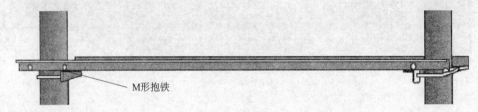

图 7.2　抱铁

2. 隔离开关如图 7.3 所示。安装程序详见隔离开关安装指导书。

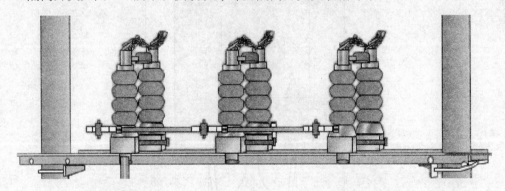

图 7.3　隔离开关

3. 安装开关引线支撑立瓶,如图 7.4 所示。

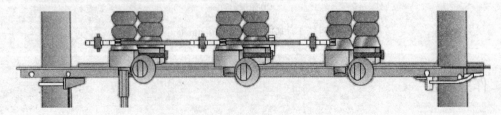

图 7.4　开关引线支撑立瓶

4. 安装跌落开关,如图 7.5 所示。

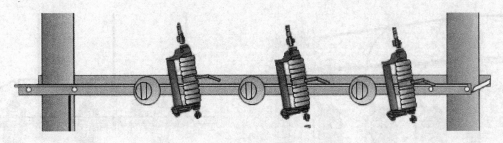

图 7.5　跌落开关

5. 安装避雷器时,先安装避雷器底座,再将避雷器安装在避雷器底座上,如图 7.6 所示。

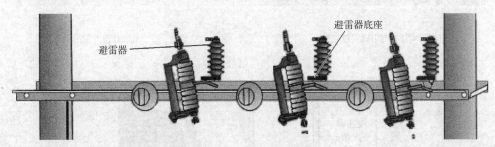

图 7.6　避雷器

6. 安装避雷器接地线时,将避雷器支座的接地线接续点用线夹(线鼻子)连接,并且用并沟线夹与变台接地线相连接,如图 7.7 所示。

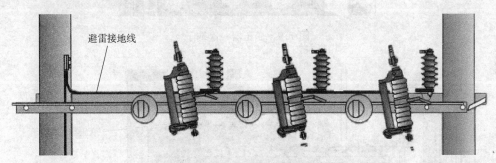

图 7.7　接地线

7.6.3　连接各部导线

1. 将线路导线连接到隔离开关,线路采用并沟线夹,隔离开关端子用设备线夹连接。

2. 从隔离开关到引线支撑立瓶,再到跌落开关引线立瓶,采用绑线进行绑扎后,连接到跌落开关。跌落开关端子采用线鼻子进行连接,跌落开关上部端子与避雷器端子连接,避雷器端子采用线鼻子连接,如图 7.8 所示。

3. 跌落开关下部端子采用线鼻子与变压器一次端子相连接,变压器一次端子采用设备线夹与高压套管连接,如图 7.9 所示。

4. 变压器二次端子与低压配电箱引出线进行连接,容量小的变压器采用线鼻子连接,容量大的变压器采用设备线夹连接,如图 7.10 所示。

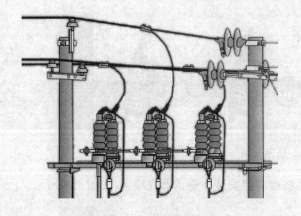
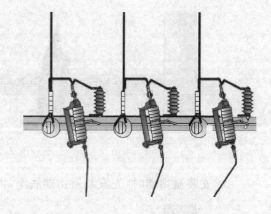

(a) 隔离开关与引线支撑立瓶　　　　　　　　(b) 跌落开关与避雷器

图 7.8　引线连接

图 7.9　变压器一次端子

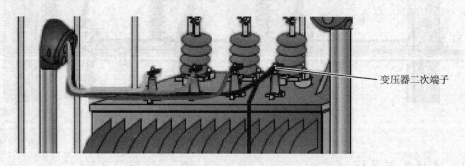

图 7.10　变压器二次端子

7.6.4　测试接地电阻

100 kVA 以下的变压器接地电阻 10 Ω 为合格,100 kVA 及以上 4 Ω 为合格。

7.6.5　连接各部地线

1. 接地电阻测试合格后开始连接地线,避雷器地线采用线鼻子连接,变压器二次零线端子经过变压器外壳的接地端子最后与避雷器地线并入接地极引入地下,如图 7.1 所示。

2. 变压器外壳接地端子与避雷器地线接地方式近景图如图 7.11 所示。

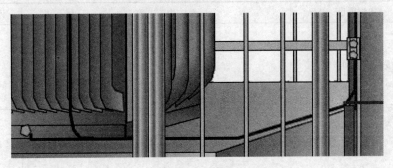

图 7.11　近景图

7.7　填写记录,清理现场,撤离作业区

7.8　作业项目清单

作业项目清单见表 7.6。

表 7.6　作业项目清单

作业项目:标准化安装作业		作业依据:停电作业工作票	
名称:落地台安装	杆型:落地台	电压等级:10 kV	作业人数:2 人
电杆:钢筋混凝土	导线:LGJ-70 mm²	绝缘子:PS-15	排列方式:水平
序号	作业项目		
1	检查杆塔状态,扶正倾斜电杆		
2	安装隔离开关横担		
3	安装开关引线立瓶		
4	安装跌落开关		
5	安装避雷器		
6	安装避雷器接地线		
7	连接线路导线		
8	测试接到电阻		
9	连接各部地线		
10	复检		
11	清理现场		
12	填写记录		

7.9　项目实施及评价

完成表 7.7 项目实施及评价。

表 7.7 项目实施及评价

序号	实施项目	内 容	评分	备注
1	安装程序和步骤			
2	人员分配			
3	工具、材料需求及准备			
4	安全注意事项			
5	备忘问题及解决措施			

项目 8 10 kV 耐张杆安装作业

工作任务书

小组编号：　　　　　　　　　　　　　成员名单：

8.1 岗位工作过程描述与适用范围

工作任务：10 kV 耐张杆安装作业。

工作对象：10 kV 耐张杆及设备。

适用范围：本作业指导书适用于 10 kV 耐张杆作业，规定了安装作业的程序、项目、内容及技术要求。

8.2 编写依据

本项目编写依据见表 8.1。

表 8.1　编写依据

序　　号	引用资料名称	文　　号
1	《铁路电力管理规则》	铁运[1999]103 号及铁总运[2015]51 号
2	《铁路电力安全工作规程》	铁运[1999]103 号及铁总运[2015]51 号
3	《铁路电力设备安装标准》	铁机字 1817 号

8.3 作业程序（流程图）

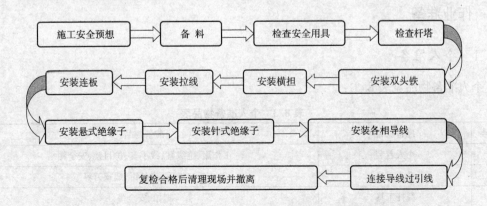

8.4　作业前安全预想及控制措施

作业前安全预想及控制措施见表8.2。

表8.2　安全预想及控制措施

序号	安全风险点	控制措施
1	组织预控	1. 应严格执行"保证安全工作的组织措施"和"保证安全的技术措施"; 2. 严格执行监护制度; 3. 参与作业人员应着装整齐,佩戴外观良好、报警音响试验合格的安全帽; 4. 施工工具在使用前应认真检查,确保工具状态良好,正确使用施工工具; 5. 施工现场配备数量合理的安全监控人员
2	误登杆塔	1. 按时参加施工准备会,掌握施工范围、干线名称、作业电杆杆号; 2. 施工现场确认作业范围、干线名称、电杆编号
3	高空坠落	1. 施工现场检查确认电杆埋深、电杆裂纹、作业现场是否存在危及人身安全的因素; 2. 登杆前对登杆工具外观进行检查,对脚扣、安全腰带进行踏力、拉力试验; 3. 执行登杆作业标准,杆上作业将安全腰带系在电杆或牢固的构架上; 4. 杆上所用的工具及材料装在工具袋内,使用传递绳上下传递,杆上作业时,工具材料应安全放置
4	作业行走及交通意外	1. 严禁走轨面、枕木头和线路中心,横越线路时必须严格执行"一站、二看、三通过"制度; 2. 临近铁道线路和站内作业时,密切监视过往车辆运行情况,不准钻越车辆和在停留车下坐卧休息; 3. 在路肩行走时,不准靠近路肩边缘,防止被线路标志绊倒摔伤; 4. 在山区作业时防止被树茬扎脚、绊倒; 5. 注意路面积雪积冰及建筑物房檐冰凌,防止滑倒、异物磕碰,不得走冻结不实的冰面
5	蜱虫伤害	1. 穿着紧口工作服,涂擦驱避剂; 2. 按照相关规定注射疫苗; 3. 及时检查身体和衣服上有无蜱虫
6	中暑、冻伤	1. 正确使用防暑及防寒用品; 2. 根据气温变化合理安排作业时间

8.5　作业准备

8.5.1　个人准备

个人准备物品见表8.3。

表8.3　个人准备物品表

序号	准备项目	准备物品
1	个人着装	工作服、绝缘鞋、线手套、护目镜、安全帽
2	个人工具	活口扳手、克丝钳、螺丝刀等
3	登杆工具	脚扣、安全带

物品准备时请检查质量,确保状态良好。

8.5.2　安全工具准备(需采取安全措施时)

安全工具准备见表8.4。

表 8.4　安全工具

序号	名称	规格型号	单位	数量	备　注
1	绝缘手套	10 kV	副	1	1. 准备与施工作业线路相同电压等级的绝缘手套; 2. 对绝缘手套外观进行检查并进行充气试验; 3. 试验良好的绝缘手套应妥善保管
2	绝缘鞋	10 kV	双	按作业人数	
3	绝缘靴	10 kV	双	1	1. 必须与施工作业线路电压等级相符; 2. 由工作执行人负责对绝缘靴外观进行检查并检查是否在校验日期内; 3. 确认良好的绝缘靴应妥善保管
4	验电笔	10 kV	只	1	1. 施工负责人指派专人准备的验电笔必须与施工作业线路电压等级相符; 2. 由工作执行人负责对验电笔外观进行检查,并在带电设备上试验良好; 3. 试验良好的验电笔应妥善保管
5	接地封线	10 kV	组	2	1. 施工负责人指派专人准备与施工作业线路电压等级相符的接地封线2组; 2. 由工作执行人负责对接地封线外观进行检查,对接地封线各部连接进行紧固; 3. 试验良好的接地封线应妥善保管

8.5.3　材料配备

按照表8.5进行材料配备。

表 8.5　材料配备表

序号	名　称	规格型号	单位	数量	备　注
1	金具(高压横担)	63×6×1 500	套	2	
2	并沟线夹	JB型	只	12	
3	抹布		块	2	

序号	名　称	规格型号	单位	数量	备　注
4	双头铁	$D=200$ mm	副	1	
5	悬式绝缘子	10 kV	串	6	
6	针式绝缘子	10 kV	串	3	
7	拉线中导线抱箍		副	2	
8	耐张线夹	75	只	6	
9	拉线 UT		个	2	

8.5.4　注意事项

1. 施工人员不参加施工准备会,未按规定纳入工作票,不得参加作业。
2. 作业线路未按规定采取保证安全的技术措施,施工人员有权拒绝作业。

8.6 作业内容及安装标准

8.6.1 登杆作业及准备工作

1. 施工现场确认作业范围、干线名称、电杆编号,如图 1.2 所示。

2. 施工现场检查确认电杆埋深、电杆裂纹、作业现场是否存在危及人身安全的因素。

3. 在作业杆塔下方的地面上,根据作业需要,以"路锥"和红、白相间的安全旗绳构成安全警示围栏。在围栏四周悬挂"高空坠物,请勿靠近!"标示牌。

4. 登杆前对登杆工具外观进行检查,对脚扣、安全腰带进行踏力、拉力试验。

5. 执行登杆作业标准,杆上作业将安全腰带系在电杆或牢固的构架上。

6. 用绳索传递工器具、材料。

7. 作业人员戴好安全帽,防止被上端掉落的材料、工器具砸伤。

8.6.2 安装杆顶支座抱箍与横担

1. 杆顶支座抱箍安装在距杆顶 150 mm 处,如图 8.1 所示。穿钉由电源侧向负荷侧穿,调整后紧固。

2. 下层横担与杆顶距离:直线为 950 mm,上下歪斜、左右扭斜误差不大于 20 mm,如图 8.2 所示。用手锤调整到横平竖直并紧固。

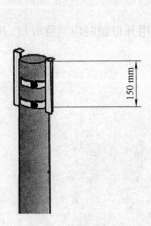

图 8.1 支座抱箍

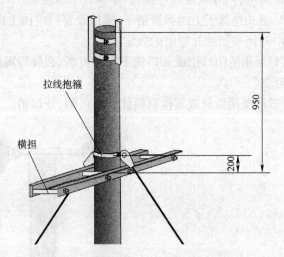

图 8.2 下层横担与拉线抱箍(单位:mm)

8.6.3 安装拉线

拉线抱箍安装在横担上方 150~300 mm 处,如图 8.2 所示(图中选用 200 mm),安装拉线并调整紧固。拉线盘埋深不小于 1 200 mm,如图 4.6 所示。用 UT 线夹紧固拉线。

8.6.4 安装连板

在杆顶抱箍和横担上加装五孔连板,如图 8.3 所示。

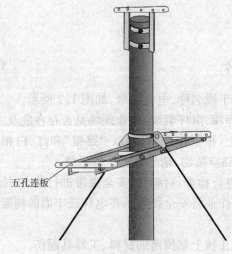

五孔连板

图 8.3　五孔连板

8.6.5　安装悬式绝缘子

1. 在横担上安装悬式绝缘子串 4 串。在杆顶支座抱箍安装悬式绝缘子串 2 串,如图 8.4 所示。

2. 与电杆、导线金具连接处,不得有卡压现象。

3. 悬式绝缘子上的弹簧销子、螺栓及穿钉应由上向下穿。

4. 对闭口销和开口销的规定:

(1)采用的闭口销或开口销不应有折断、裂纹等现象,当采用开口销时应对称开口,开口角度应为 30°~60°;

(2)严禁用线材或其他材料代替闭口销、开口销。

图 8.4　悬式绝缘子

8.6.6 安装针式绝缘子

杆顶安装针式绝缘子 1 串,横担上安装针式绝缘子 2 串,如图 8.5 所示。

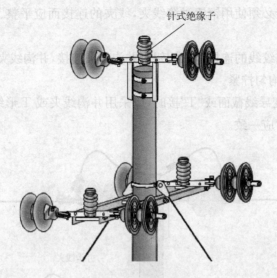

图 8.5 针式绝缘子

8.6.7 安装各相导线

使用 2 支紧线器同时吊紧两端导线,观察导线弧垂,应在规定值的－10%～＋15%范围内。调至合格后,使用耐张线夹固定,新组装及旧有电杆宜根据实际情况先后调紧。安装完成的导线如图 8.6 所示。

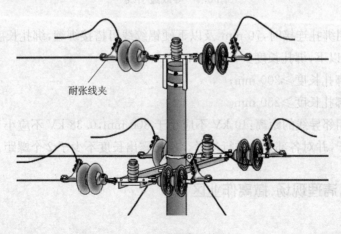

图 8.6 导线连接

8.6.8 连接导线过引线

1. 导线连接采用并沟线夹时不应少于 2 个,连接表面应平整光滑,导线及线夹槽内应清除氧化膜,涂电力复合脂,绑扎过引支撑立瓶,除在端部绑扎外,还应在两线间绑扎 50 mm。相邻导线间距不小于 300 mm。连接完成的导线过引线如图 8.7 所示。

2. 过引线采用并沟线夹连接时,应符合下列要求:

(1)铜、铝导线的连接必须使用铜铝过渡线夹,线夹的连接面应平整、光洁,连接螺栓齐全并逐个均匀拧紧;

(2)钢芯铝绞线、硬铝绞线的连接应采用铝制并沟线夹连接,并沟线夹的连接面应平整、光洁,连接螺栓齐全并逐个均匀拧紧。

3. 在导线连接处改变导线截面或"T"接时,应采用并沟线夹或 T 形线夹连接。过引线连接应光洁整齐、平直,尺寸应一致。

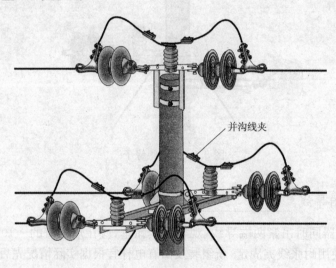

并沟线夹

图 8.7　导线过引线

4. 过引线采用绑扎连接时,70 mm² 及以下硬铝绞线可搭接绑缠,绑扎长度如下:

(1)35 mm² 及以下,绑扎长度≥150 mm;

(2)50 mm²,绑扎长度≥200 mm;

(3)70 mm²,绑扎长度≥250 mm。

5. 过引线对相邻导线的距离:10 kV 不应小于 300 mm,0.38 kV 不应小于 150 mm。

6. 清扫绝缘子,并对各部螺栓进行复紧。丝扣露出长度不少于 2 个螺距。

8.7　填写记录,清理现场,撤离作业区

8.8　作业项目清单

作业项目清单见表 8.6。

表 8.6　作业项目清单

作业项目:标准化安装作业		作业依据:停电作业工作票	
名称:耐张杆安装	杆型:耐张杆	电压等级:10 kV	作业人数:2 人
电杆:钢筋混凝土	导线:LGJ-70 mm²	绝缘子:PS-15	排列方式:水平
序号	作业项目		
1	检查杆塔状态,扶正倾斜电杆		
2	安装双头铁		
3	安装横担		
4	安装拉线		
5	安装连板		
6	安装悬式绝缘子		
7	安装针式绝缘子		
8	安装各相导线		
9	连接各部引线		
10	复检		
11	清理现场		
12	填写记录		

8.9　项目实施及评价

完成表 8.7 项目实施及评价。

表 8.7　项目实施及评价

序号	实施项目	内　容	评分	备注
1	安装程序和步骤			
2	人员分配			
3	工具、材料需求及准备			
4	安全注意事项			
5	备忘问题及解决措施			

项目9　10 kV 直线杆安装作业

工作任务书

小组编号：　　　　　　　　　　　　　成员名单：

9.1　岗位工作过程描述与适用范围

工作任务：10 kV 直线杆安装作业。

工作对象：10 kV 直线杆及设备。

适用范围：本作业指导书适用于 10 kV 直线杆作业，规定了安装作业的程序、项目、内容及技术要求。

9.2　编写依据

本项目编写依据见表 9.1。

表 9.1　编写依据

序　号	引用资料名称	文　号
1	《铁路电力管理规则》	铁运[1999]103 号及铁总运[2015]51 号
2	《铁路电力安全工作规程》	铁运[1999]103 号及铁总运[2015]51 号
3	《铁路电力设备安装标准》	铁机字 1817 号

9.3　作业程序（流程图）

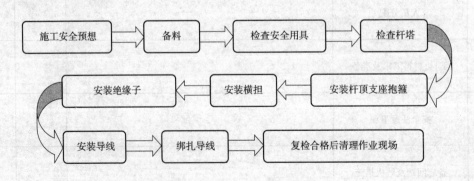

9.4　作业前安全预想及控制措施

作业前安全预想及控制措施见表 9.2。

表 9.2　安全预想及控制措施

序号	安全风险点	控制措施
1	组织预控	1. 应严格执行"保证安全工作的组织措施"和"保证安全的技术措施"; 2. 严格执行监护制度; 3. 参与作业人员应着装整齐,佩戴外观良好、报警音响试验合格的安全帽; 4. 施工工具在使用前应认真检查,确保工具状态良好,正确使用施工工具; 5. 施工现场配备数量合理的安全监控人员
2	误登杆塔	1. 按时参加施工准备会,掌握施工范围、干线名称、作业电杆杆号; 2. 施工现场确认作业范围、干线名称、电杆编号
3	高空坠落	1. 施工现场检查确认电杆埋深、电杆裂纹、作业现场是否存在危及人身安全的因素; 2. 登杆前对登杆工具外观进行检查,对脚扣、安全腰带进行踏力、拉力试验; 3. 执行登杆作业标准,杆上作业将安全腰带系在电杆或牢固的构架上; 4. 杆上所用的工具及材料装在工具袋内,使用传递绳上下传递,杆上作业时,工具材料应安全放置
4	作业行走及交通意外	1. 严禁走轨面、枕木头和线路中心,横越线路时必须严格执行"一站、二看、三通过"制度; 2. 临近铁道线路和站内作业时,密切监视过往车辆运行情况,不准钻越车辆和在停留车下坐卧休息; 3. 在路肩行走时,不准靠近路肩边缘,防止被线路标志绊倒摔伤; 4. 在山区作业时防止被树茬扎脚、绊倒; 5. 注意路面积雪积冰及建筑物房檐冰凌,防止滑倒、异物磕碰,不得走冻结不实的冰面
5	蜱虫伤害	1. 穿着紧口工作服,涂擦驱避剂; 2. 按照相关规定注射疫苗; 3. 及时检查身体和衣服上有无蜱虫
6	中暑、冻伤	1. 正确使用防暑及防寒用品; 2. 根据气温变化合理安排作业时间

9.5　作业准备

9.5.1　个人准备

个人准备物品见表 9.3。

表 9.3　个人准备物品表

序号	准备项目	准备物品
1	个人着装	工作服、绝缘鞋、线手套、护目镜、安全帽
2	个人工具	活口扳手、克丝钳、螺丝刀等
3	登杆工具	脚扣、安全带

物品准备时请检查质量,确保状态良好。

9.5.2　安全工具准备(需采取安全措施时)

安全工具准备见表 9.4。

表 9.4　安全工具

序号	名称	规格型号	单位	数量	备　注
1	绝缘手套	10 kV	副	2	1. 准备与作业线路相同电压等级的绝缘手套； 2. 对绝缘手套外观进行检查并进行充气试验； 3. 试验良好的绝缘手套应妥善保管
2	绝缘鞋	10 kV	双	按作业人数	
3	绝缘靴	10 kV	双	2	1. 必须与施工作业线路电压等级相符； 2. 由工作执行人负责对绝缘靴外观进行检查并检查是否在校验日期内； 3. 确认良好的绝缘靴应妥善保管
4	验电笔	10 kV	只	2	1. 施工负责人指派专人准备的验电笔必须与施工作业线路电压等级相符。 2. 由工作执行人负责对验电笔外观进行检查，并在带电设备上试验； 3. 试验良好的验电笔应妥善保管
5	接地封线	10 kV	组	2	1. 施工负责人指派专人准备与施工作业线路电压等级相符的接地封线 2 组； 2. 由工作执行人负责对接地封线外观进行检查，对接地封线各部连接进行紧固； 3. 试验良好的接地封线应妥善保管

9.5.3　材料配备

按照表 9.5 进行材料配备。

表 9.5　材料配备表

序号	名　称	规格型号	单位	数量	备　注
1	金具(高压横担)	63×6×1 500	套	1	
2	杆顶支座抱箍	$D=200$ mm	副	1	
3	U 形抱箍	$R=100$ mm	副	1	

续上表

序号	名　称	规格型号	单位	数量	备　注
4	针式绝缘子	10 kV	串	3	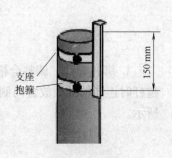

9.5.4　注意事项

1. 施工人员不参加施工准备会，未按规定纳入工作票，不得参加作业。
2. 作业线路未按规定采取保证安全的技术措施，施工人员有权拒绝作业。

9.5.5　安装规定

1. 杆顶支座抱箍上层安装在距杆顶 50 mm 处，穿钉由电源侧向负荷侧穿，调整后拧紧。
2. 横担安装在负荷侧距杆顶 800 mm 处。
3. 安装针式绝缘子并进行紧固螺丝，丝扣露出长度不少于 2 个螺距。
4. 安装导线，先装 B 相（中导线）再装 A、C 相（边线），观察导线弧垂，应在规定值的 -10%～+15% 范围内，再将导线分别绑扎牢固。

9.6　作业内容及安装标准

9.6.1　登杆作业及准备工作

1. 施工现场确认作业范围、干线名称、电杆编号，如图 1.2 所示。
2. 施工现场检查确认电杆埋深、电杆裂纹、作业现场是否存在危险人身安全的因素。
3. 在作业杆塔下方的地面上，根据作业需要，以"路锥"和红、白相间的安全旗绳构成安全警示围栏。在围栏四周悬挂"止步，高压危险！"标示牌。
4. 登杆前对登杆工具外观进行检查，对脚扣、安全腰带进行踏力、拉力试验。
5. 执行登杆作业标准，杆上作业将安全腰带系在电杆或牢固的构架上。
6. 用绳索传递工器具、材料。

9.6.2　安装杆顶支座抱箍

杆顶支座下层抱箍中心安装在距杆顶 150 mm 处，如图 9.1 所示，穿钉由电源侧向负荷侧穿，调整后拧紧。

9.6.3　安装横担

横担安装在负荷侧距杆顶 800 mm 处，如图 9.2 所示，安装多层排列时上下层距离为 800 mm，用手锤调整横平竖直并紧固。上下歪斜、左右扭斜误差不超过 20 mm。

图 9.1　抱箍

9.6.4 安装绝缘子

1. 安装针式绝缘子,如图9.3所示。进行紧固螺丝,丝扣露出长度不少于2个螺距。

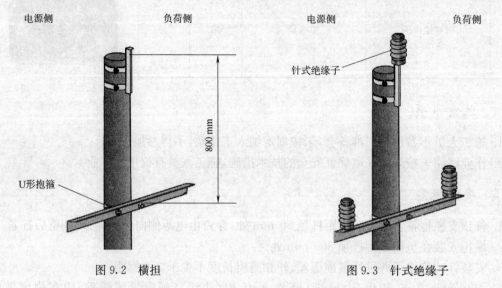

图9.2 横担   图9.3 针式绝缘子

2. 将A相、B相和C相导线放入A相、B相和C相绝缘子内。

3. 观察导线弧垂,应在规定值的−10%~+15%,如图9.4所示范围内。不符合规定的及时进行调整。

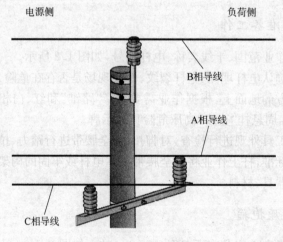

图9.4 A、B、C相导线

4. 绑扎导线。调整合格后A、B、C导线用绑线按规定绑扎牢固,防止跑线、跳线,直线跨越杆时连同辅助线放置两侧的侧槽内,但不应绑成菱形,绑线拧紧线头不少于3圈,如图9.5所示。

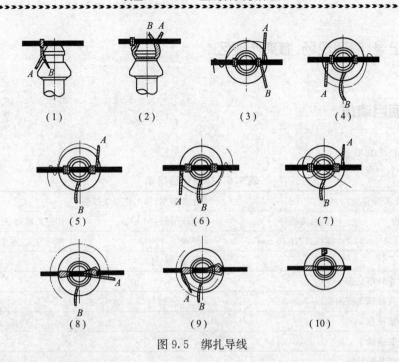

图 9.5 绑扎导线

9.6.5 安装完毕视图（图 9.6）

电源侧   负荷侧

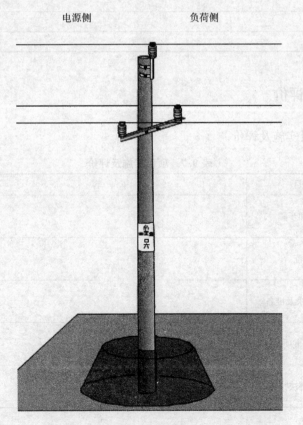

图 9.6 杆塔

9.7 填写记录,清理现场,撤离作业区

9.8 作业项目清单

作业项目清单见表9.6。

表 9.6 作业项目清单

作业项目:标准化安装作业		作业依据:停电作业工作票	
名称:直线杆安装	杆型:直线杆	电压等级:10 kV	作业人数:2 人
电杆:钢筋混凝土	导线:LGJ-70 mm²	绝缘子:PS-15	排列方式:水平
序号	作 业 项 目		
1	检查杆塔状态		
2	安装杆顶支座抱箍		
3	安装横担		
4	安装绝缘子		
5	安装各相导线		
6	绑扎导线		
7	复检		
8	清理现场		
9	填写记录		

9.9 项目实施及评价

完成表9.7项目实施及评价。

表 9.7 项目实施及评价

序号	实施项目	内 容	评分	备注
1	安装程序和步骤			
2	人员分配			
3	工具、材料需求及准备			
4	安全注意事项			
5	备忘问题及解决措施			

项目 10　10 kV 终端杆安装作业

工作任务书

小组编号：　　　　　　　　　　　　成员名单：

10.1　岗位工作过程描述与适用范围

工作任务：10 kV 终端杆安装作业。

工作对象：10 kV 终端杆及设备。

适用范围：本作业指导书适用于 10 kV 终端杆作业，规定了安装作业的程序、项目、内容及技术要求。

10.2　编写依据

本项目编写依据见表 10.1。

表 10.1　编写依据

序　号	引用资料名称	文　号
1	《铁路电力管理规则》	铁运[1999]103 号及铁总运[2015]51 号
2	《铁路电力安全工作规程》	铁运[1999]103 号及铁总运[2015]51 号
3	《铁路电力设备安装标准》	铁机字 1817 号

10.3　作业程序(流程图)

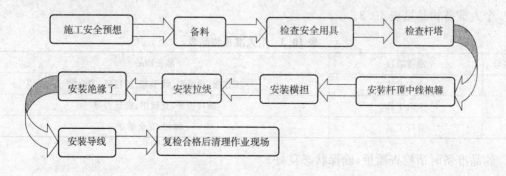

10.4　作业前安全预想及控制措施

作业前安全预想及控制措施见表 10.2。

表 10.2　安全预想及控制措施

序号	安全风险点	控制措施
1	组织预控	1. 应严格执行"保证安全工作的组织措施"和"保证安全的技术措施"; 2. 严格执行监护制度; 3. 参与作业人员应着装整齐、佩戴外观良好、报警音响试验合格的安全帽; 4. 施工工具在使用前应认真检查,确保工具状态良好,正确使用施工工具; 5. 施工现场配备数量合理的安全监控人员
2	误登杆塔	1. 按时参加施工准备会,掌握施工范围、干线名称、作业电杆杆号; 2. 施工现场确认作业范围、干线名称、电杆编号
3	高空坠落	1. 施工现场检查确认电杆埋深、电杆裂纹、作业现场是否存在危及人身安全的因素; 2. 登杆前对登杆工具外观进行检查,对脚扣、安全腰带进行踏力、拉力试验; 3. 执行登杆作业标准,杆上作业将安全腰带系在电杆或牢固的构架上; 4. 杆上所用的工具及材料装在工具袋内,使用传递绳上下传递,杆上作业时,工具材料应安全放置
4	作业行走及交通意外	1. 严禁走轨面、枕木头和线路中心,横越线路时必须严格执行"一站、二看、三通过"制度; 2. 临近铁道线路和站内作业时,密切监视过往车辆运行情况,不准钻越车辆和在停留车下坐卧休息; 3. 在路肩行走时,不准靠近路肩边缘,防止被线路标志绊倒摔伤; 4. 在山区作业时防止被树茬扎脚、绊倒; 5. 注意路面积雪积冰及建筑物房檐冰凌,防止滑倒、异物磕碰,不得走冻结不实的冰面
5	蜱虫伤害	1. 穿着紧口工作服,涂擦驱避剂; 2. 按照相关规定注射疫苗; 3. 及时检查身体和衣服上有无蜱虫
6	中暑、冻伤	1. 正确使用防暑及防寒用品; 2. 根据气温变化合理安排作业时间

10.5　作业准备

10.5.1　个人准备

个人准备物品见表 10.3。

表 10.3　个人准备物品表

序号	准备项目	准备物品
1	个人着装	工作服、绝缘鞋、线手套、护目镜、安全帽
2	个人工具	活口扳手、克丝钳、螺丝刀等
3	登杆工具	脚扣、安全带

物品准备时请检查质量,确保状态良好。

10.5.2　安全工具准备(需采取安全措施时)

安全工具准备见表 10.4。

表 10.4　安全工具

序号	名称	规格型号	单位	数量	备　　注
1	绝缘手套	10 kV	副	2	1. 准备与作业线路相同电压等级的绝缘手套； 2. 对绝缘手套外观进行检查并进行充气试验； 3. 试验良好的绝缘手套应妥善保管
2	绝缘鞋	10 kV	双	按作业人数	
3	绝缘靴	10 kV	双	2	1. 必须与施工作业线路电压等级相符； 2. 由工作执行人负责对绝缘靴外观进行检查并检查是否在校验日期内； 3. 确认良好的绝缘靴应妥善保管
4	验电笔	10 kV	只	2	1. 施工负责人指派专人准备的验电笔必须与施工作业线路电压等级相符； 2. 由工作执行人负责对验电笔外观进行检查，并在带电设备上试验良好； 3. 试验良好的验电笔应妥善保管
5	接地封线	10 kV	组	2	1. 施工负责人指派专人准备与施工作业线路电压等级相符的接地封线 2 组； 2. 由工作执行人负责对接地封线外观进行检查，对接地封线各部连接进行紧固； 3. 试验良好的接地封线应妥善保管

10.5.3　材料配备

按照表 10.5 进行材料配备。

表 10.5　材料配备表

序号	名　　称	规格型号	单位	数量	备　　注
1	金具（高压横担）	63×6×1500	套	1	
2	并沟线夹	JB 型	只	6	
3	中导线抱箍	$D=200$ mm	副	1	

序号	名　称	规格型号	单位	数量	备　注
4	悬式绝缘子	10 kV	串	3	
5	拉线及抱箍		副	1	
6	耐张线夹	75	只	3	

10.5.4　注意事项

1. 施工人员不参加施工准备会，未按规定纳入工作票，不得参加作业。
2. 作业线路未按规定采取保证安全的技术措施，施工人员有权拒绝作业。

10.6　作业内容及安装标准

10.6.1　检查杆塔

1. 施工现场确认作业范围、干线名称、电杆编号，如图 1.2 所示。
2. 施工现场检查确认电杆埋深、电杆裂纹、作业现场是否存在危及人身安全的因素。
3. 在作业杆塔下方的地面上，根据作业需要，以"路锥"和红、白相间的安全旗绳构成安全警示围栏。在围栏四周悬挂"止步，高压危险！"标示牌。
4. 登杆前对登杆工具外观进行检查，对脚扣、安全腰带进行踏力、拉力试验。
5. 执行登杆作业标准，杆上作业将安全腰带系在电杆或牢固的构架上。
6. 用绳索传递工器具、材料。
7. 作业人员戴好安全帽，防止被上端掉落的材料、工器具砸伤。

10.6.2　安装中导线抱箍

中导线抱箍安装在距杆顶 150 mm 处，如图 10.1 所示，穿钉由电源侧向负荷侧穿，调整后拧紧。

10.6.3　安装横担

1. 横担安装在距杆顶 950 mm 处，用手锤调整，上下歪斜左右扭斜不大于 20 mm。

2. 安装三孔连板,如图 10.2 所示。

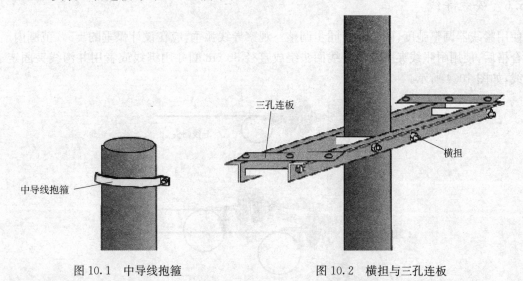

图 10.1 中导线抱箍   图 10.2 横担与三孔连板

10.6.4 安装拉线

1. 拉线抱箍安装在横担上方 150~300 mm 处。
2. 安装拉线并调整紧固,拉线盘埋深要达到 1 200 mm。

10.6.5 安装悬式绝缘子

在三孔连板上安装悬式绝缘子串 2 组,中导线抱箍上安装 1 组,如图 10.3 所示。

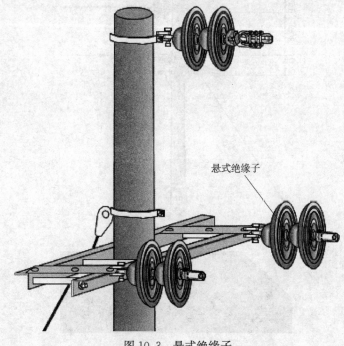

图 10.3 悬式绝缘子

10.6.6　安装导线

使用紧线器调整弛度,两边线应同步调整。观察导线弧垂,应在设计弧垂的±5%范围内。调至合格后,使用耐张线夹固定。导线回头绕成直径 30 cm 圈并用绑线或者用并沟线夹固定在本线,如图 10.4 所示。

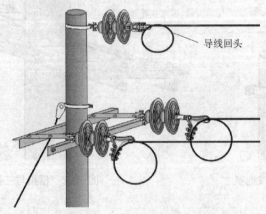

图 10.4　导线回头

10.6.7　清扫绝缘子

用干抹布对已安装的绝缘子进行清理。

10.6.8　安装完毕视图(图 10.5)

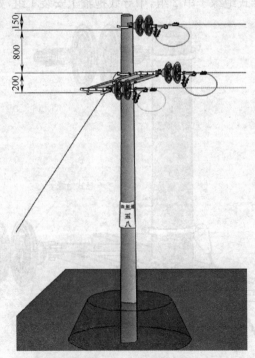

图 10.5　杆塔(单位:mm)

10.7 填写记录,清理现场,撤离作业区

10.8 作业项目清单

作业项目清单见表 10.6。

表 10.6 作业项目清单

作业项目:标准化安装作业			作业依据:停电作业工作票		
名称:终端杆安装	杆型:终端杆		电压等级:10 kV		作业人数:2 人
电杆:钢筋混凝土	导线:LGJ-70 mm²		绝缘子:PS-15		排列方式:水平
序号	作业 项 目				
1	检查杆塔状态				
2	安装杆顶中线抱箍				
3	安装横担				
4	安装拉线				
5	安装绝缘子				
6	连接各部引线				
7	复检				
8	清理现场				
9	填写记录				

10.9 项目实施及评价

完成表 10.7 项目实施及评价。

表 10.7 项目实施及评价

序 号	实施项目	内　容	评分	备注
1	安装程序和步骤			
2	人员分配			
3	工具、材料需求及准备			
4	安全注意事项			
5	备忘问题及解决措施			

项目 11 10 kV 接近限界测量作业

工作任务书

小组编号：   成员名单：

11.1 岗位工作过程描述与适用范围

工作任务：10 kV 电缆、导线接近限界及交叉跨越的测量作业。

工作对象：10 kV 电缆、导线。

适用范围：本作业指导书适用于电缆、导线接近限界及交叉跨越的测量作业，规定了使用澳洲新仪器 600E 的测量作业的程序、项目、内容及技术要求。

11.2 编写依据

本项目编写依据见表 11.1。

表 11.1 编写依据

序　号	引用资料名称	文　号
1	澳洲新仪器用户指南	600E
2	《铁路电力安全工作规程》	铁运[1999]103 号及铁总运[2015]51 号
3	《哈尔滨铁路局电力线路工（值班）一次作业标准》	Q/HBT0033-2011

11.3 作业程序（流程图）

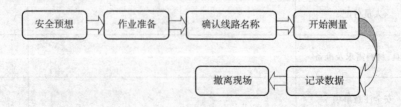

11.4 作业前安全预想及控制措施

作业前安全预想及控制措施见表 11.2。

表 11.2　安全预想及控制措施

序号	安全风险点	控制措施
1	组织预控	1. 应严格执行"保证安全工作的组织措施"和"保证安全的技术措施"; 2. 严格执行监护制度; 3. 参与作业人员应着装整齐,佩戴外观良好、报警音响试验合格的安全帽; 4. 施工工具在使用前应认真检查,确保工具状态良好,正确使用施工工具; 5. 施工现场配备数量合理的安全监控人员
2	误登杆塔	1. 按时参加施工准备会,掌握施工范围、干线名称、作业电杆杆号; 2. 施工现场确认作业范围、干线名称、电杆编号
3	高空坠落	1. 施工现场检查确认电杆埋深、电杆裂纹、作业现场是否存在危及人身安全的因素; 2. 登杆前对登杆工具外观进行检查,对脚扣、安全腰带进行踏力、拉力试验; 3. 执行登杆作业标准,杆上作业将安全腰带系在电杆或牢固的构架上; 4. 杆上所用的工具及材料装在工具袋内,使用传递绳上下传递,杆上作业时,工具材料应安全放置
4	作业行走及交通意外	1. 严禁走轨面、枕木头和线路中心,横越线路时必须严格执行"一站、二看、三通过"制度; 2. 临近铁道线路和站内作业时,密切监视过往车辆运行情况,不准钻越车辆和在停留车下坐卧休息; 3. 在路肩行走时,不准靠近路肩边缘,防止被线路标志绊倒摔伤; 4. 在山区作业时防止被树茬扎脚、绊倒; 5. 注意路面积雪积冰及建筑物房檐冰凌,防止滑倒、异物磕碰,不得走冻结不实的冰面
5	蜱虫伤害	1. 穿着紧口工作服,涂擦驱避剂; 2. 按照相关规定注射疫苗; 3. 及时检查身体和衣服上有无蜱虫
6	中暑、冻伤	1. 正确使用防暑及防寒用品; 2. 根据气温变化合理安排作业时间

11.5　作业准备

11.5.1　人员配备

人员安排见表 11.3。

表 11.3　人员配备

序号	要　　求	分工安排
1	测试作业应两人进行,着装整齐,正确佩戴护品	一人操作,一人监护
2	电力线路工(值班),要求安全考试合格,掌握电力安全规程和管内运行方式,熟练掌握作业指导书	操作仪器
3	电力线路工(值班),要求安全考试合格,掌握电力安全规程和管内运行方式,熟练掌握作业指导书	负责现场安全监护,辅助检查并做好记录

11.5.2　安全工具准备（需采取安全措施时）

安全工器具准备见表 11.4。

表 11.4　主要工器具

序号	名　　称	规格型号	单位	数量	备　　注
1	澳洲新仪器	600E	块	1	
2	记录簿		册	1	

11.5.3　注意事项

1. 测量作业执行工作票制度，根据安全工作命令记录簿的要求，明确测量作业的时间、内容及人员安排，未经允许不得擅自测量。

2. 测量过程中携带手机并保持状态良好，以保证应急处置时联系畅通。

11.6　作业内容

11.6.1　技术参数

1. 测量范围见表 11.5。

表 11.5　测量范围对照表

最小线径	35 mm	25 mm	30 mm	25 mm	12 mm	5.5 mm	2.5 mm
距离	3~35 m	3~25 m	3~30 m	3~23 m	3~15 m	3~12 m	3~10 m

2. 工作温度范围：−10℃至 40℃，湿度、温度与可测量高度的对应关系见表 11.6。

表 11.6　湿度、温度与可测高度对照表

温度	10℃	10℃	20℃	20℃	30℃
湿度	40%	70%	40%	70%	40%
高度	24 m	22 m	21 m	23 m	30~35 m

3. 分辨率：

测量分辨率：　　　　　（测量范围＜10 m）5 mm；（测量范围＞10 m）10 mm

测量精度：　　　　　0.5%±2 d

电缆之间最小间距：　　150 mm

4. 测量仪外观如图 11.1 所示。

5. 按键如图 11.2 所示。

R—读数键：读取第几根线缆的结果。一共可读 6 根线缆。

M—测量键：开始测量。

AutoOff—开机键（三分钟不操作自动关机）。

BTM/TOP—多根线测量模式键。BTM 从下而上，TOP 从上而下。

Cal/Mea—自校验，测量键。

图 11.1　外观

图 11.2　按键

6. 显示说明,如图 11.3 所示。

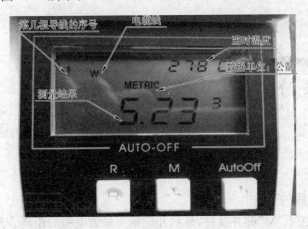

图 11.3　显示

7. 工作原理:向目标发射声波,测量反射时间,基于声波的速度计算距离,调整空气温度。

11.6.2　操作说明

1. 电池安装

打开仪表下方倒面的电池盖,将电池接线端向里放入电池仓。注意电池上所标的"＋"

"一"标志与电池仓内所标的"＋""一"标志一致。当电池电压低于 6 V,显示屏上会显示电池警告符号,提醒尽快更换电池,以避免测量值不准或电池腐蚀损坏仪表。

2. 测量单位选择

在仪表背面设有测量单位选择开关,可以实现测量单位公制和英制的转换。英制测量单位的距离用英尺和英寸,温度用华氏温标表示。公制测量单位的距离用米,温度用摄氏温标表示。

3. 电源/开关

按下"ON"键,打开仪表电源。仪表可以在最后一次操作任意键 3 min 后自动关闭电源。

11.6.3 测　　量

1. 仪表测量头水平放置齐腰高,或放在置于水平地面的专用支架上。

2. 操作者位于被测电缆、导线之下,目光顺着电缆、导线的走向。仪表的测量头与被测电缆平行。

3. 按下"M"键并保持,同时观察显示屏上的读数。

4. 记录下稳定和准确的读数:

(1)确保仪表沿着电缆的方向,如图 11.4 所示。

(2)由于风的吹动会导致电缆晃动,因此,在测量的过程中,仪表需要适当倾斜和移动,以消除显示符号"-- --"。当仪表距地面的垂直距离较小时,应确保身体的任何部位(手或鼻子)不要进入到测量头声波范围,并根据地面的平坦度和坡度适当调整仪表的水平方向。显示出电缆、导线的高度后,释放"M"键。

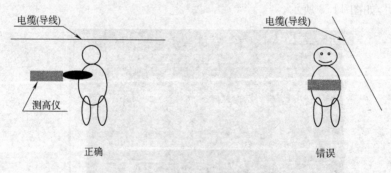

图 11.4　电缆方向

5. 测量电缆、导线的下垂

在测量过程中,按下"M"键并保持,显示和记录下最低电缆的距离。然后沿着电缆下垂的方向行走,直到测量结束,记录下垂点距地面的高度,松开"M"键。所记录的两个高度差即可用来评估电缆的下垂度。如图 11.5 所示。

6. 测量高低不同的最多 6 根电缆的间距。下文以 3 根为例(交叉跨越、高低压合架同理)进行说明。

7. 首先确定是以最低电缆为测量基准还是以最高电缆为测量基准。若以最低 1 号电缆为基准则将开关"BTM/TOP"置于"BTM"位置,否则将开关置于"TOP"位置。

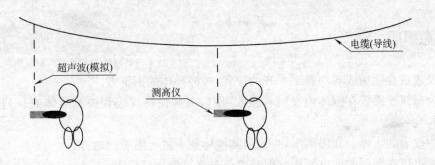

图 11.5　电缆高度

8. 以"BTM"位置为例,按照前面所述的方法完成测量,在显示屏上显示的为最低 1 号电缆高度。

9. 按下"R"键,依次读出仪表中储存的从 1 到 3 的读数,如图 11.6 所示。1 为基准 1 号电缆的高度,其他读数为相邻电缆间的距离。

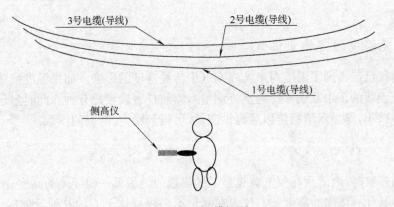

图 11.6　电缆间距

10. 同时按下"R"和"M"键可清除仪表中存储的数据。注意:电缆、导线之间的距离至少相隔 150 mm 以上。

11.6.4　测量限界

1. 测量侧面限界。人员站在线路正下方、电杆侧,测高仪的发射器正对准建筑物而且平行、侧面与地面保持水平。

2. 电缆测高仪提供了一种简便的自检方法。只需将开关调至"CAL"模式,选择标准测量距离最小值为 1 米进行测量,即可修改超声波发射的输出,以取得正确的测量基准。

3. 室内测量。测高仪可以测量房间的尺寸或作为户内其他应用。

4. 如果温度的变化大于 2℃/min,建议挥动仪表帮助空气流动,使温度传感器较快适应环境,使显示温度趋于稳定。

5. 刮风可引起超声波和电缆的摆动,此时仪表显示的测量数据会中断,这种现象是允许的。

6. 测量过程中要避开树或其他障碍物,以保证超声波测高仪能接收到来自上方电缆的微弱反射波。

11.7　注意事项

1. 将仪表放在地面或者与腰部平齐的位置,被测导体的正下方。
2. 因为超声波需要在锥体内发射和接收,所以务必保持仪表和被测导体成一列,让圆锥体对准导体。
3. 保持仪表的干燥。如果潮湿,将仪表圆锥体朝下置于温暖的地方。
4. 仪表可以在潮湿的地方使用。但是电路进水可能损坏仪表。

11.8　严禁事项

11.8.1　防　干　扰

超声波可能从任何障碍物反射回来。虽然软件可以除去一些外部干扰,但干扰太多仍会导致读数不稳定。

11.8.2　避免温度的突然变化

电缆测高仪已经考虑了温度对声波在空气中传播速度的影响。如果温度突然变化(如:在冬天将仪表从温暖的车中拿到寒冷的室外测量),需使仪表放置几分钟。此时显示屏上的温度变化量会慢慢减小,等显示值稳定以后再做测量,可得到稳定、准确的读数。

11.8.3　小　　结

当按下测量键时,电缆测高仪上首先显示的测量值为最低一根导体的高度,然后才是层叠在这根导体上其他导体间的高度差。仪表在测量第一根导体上方的其他导体时,不需每次都按下测量键,所有的测量都是同时测出的。要读出其他读数,可以按下读数键,每按一次读数键,可以读出一个读数,并且在显示屏的左上角会显示出该导体的序号。如果在显示屏上有无穷大的读数,表明超声波范围内没有电缆或超出了测量范围。所有的测量值会一直保存在仪表中直到仪表关闭(在最后一次按键 3 min 后仪表会自动关闭)。

参 考 文 献

[1] 中国铁路总公司.铁路技术管理规程(高速铁路部分).北京:中国铁道出版社,2014.
[2] 中华人民共和国铁道部.电气化铁路有关人员电气安全规则.北京:中国铁道出版社,2013.
[3] 中华人民共和国铁道部.铁路电力管理规则铁路电力安全工作规程.北京:中国铁道出版社,1999.
[4] 中国铁路总公司.铁路电力安全工作规程补充规定.北京:中国铁道出版社,2015.
[5] 中华人民共和国铁道部.铁路电力设备安装标准.3版.北京:中国铁道出版社,1997.
[6] 蒯狄正.电力现场作业安全手册.北京:中国电力出版社,2006.
[7] 哈尔滨铁路局.标准变台(箱变)评定标准.哈尔滨铁路局办公室,2011.